VISA POUR LE PCEM 1 : PHYSIQUE

16.90 €

VISA POUR LE PCEM 1 : PHYSIQUE

Salah Belazreg
Docteur en physique,
professeur au lycée Camille Guérin
et conseiller pédagogique à l'IUFM de Poitiers

EdiScience

ISBN 978-2-10-051872-2

Table des matières

Partie IV. Optique

Avant-propos

Cet ouvrage s'adresse aux futurs étudiants de 1re année de médecine et de pharmacie, mais il intéressera également les futurs élèves en classes préparatoires bio-véto, ainsi que ceux se destinant à une Licence scientifique (L1 et L2).

Il est le fruit d'une longue expérience et de nombreuses années d'enseignement de la physique dans le secondaire et le supérieur. Son but est de présenter de façon claire et progressive l'ensemble des notions à connaître pour bien démarrer le premier cycle d'études médicales (PCEM-PCEP).

- **Les cours** présentent les résultats fondamentaux du lycée.
- **Les QCM**, en fin de chaque chapitre, sont de véritables exercices de réflexion. Ainsi, avant de proposer des solutions rapides et sans démarche rigoureuse, il importe de bien connaître la totalité du cours, et pas seulement les formules. Une résolution approfondie vous permettra de vous entraîner à ce type d'épreuve afin de gagner en compétence et en rapidité.
- **Les exercices**, classés par niveaux de difficulté, sont tous suivis de leur solution détaillée. Ils vous permettront ainsi de tester vos connaissances et de tirer le maximum de profit de chaque mise en situation.

J'espère que cet ouvrage constituera pour vous un outil précieux pour bien démarrer cette année de préparation et vous souhaite bon courage.

Poitiers, avril 2008
Salah Belazreg

Pour bien utiliser

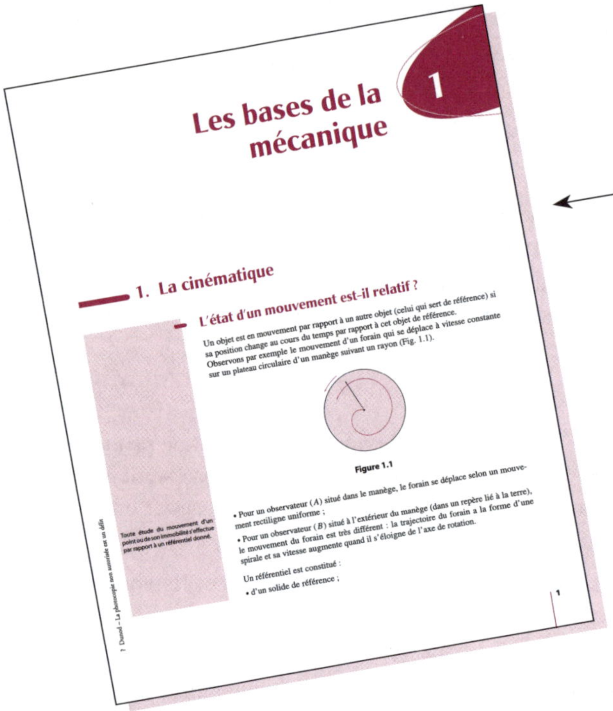

Les bases de la mécanique

1

1. La cinématique

L'état d'un mouvement est-il relatif ?

Un objet est en mouvement par rapport à un autre objet (celui qui sert de référence) si sa position change au cours du temps par rapport à cet objet de référence. Observons par exemple le mouvement d'un forain qui se déplace à vitesse constante sur un plateau circulaire d'un manège suivant un rayon (Fig. 1.1).

Figure 1.1

• Pour un observateur (*A*) situé dans le manège, le forain se déplace selon un mouvement rectiligne uniforme ;

• Pour un observateur (*B*) situé à l'extérieur du manège (dans un repère lié à la terre), le mouvement du forain est très différent : la trajectoire du forain a la forme d'une spirale et sa vitesse augmente quand il s'éloigne de l'axe de rotation.

Un référentiel est constitué :

• d'un solide de référence ;

Toute étude du mouvement d'un point ou de son immobilité s'effectue par rapport à un référentiel donné.

1

Le cours

Le cours est présenté sous forme de questions-réponses.

Il vous permet ainsi de réviser efficacement le programme de Terminale et d'aborder « en douceur » les premières notions vues en PCEM. Il vous accompagnera également tout au long de l'année en répondant aux questions que vous vous poserez.

De nombreuses illustrations enrichissent le cours et vous aident à mieux le comprendre.

Les QCM

Chaque chapitre propose plusieurs QCM pour vous familiariser à ce format d'épreuves répandu au concours du PCEM.

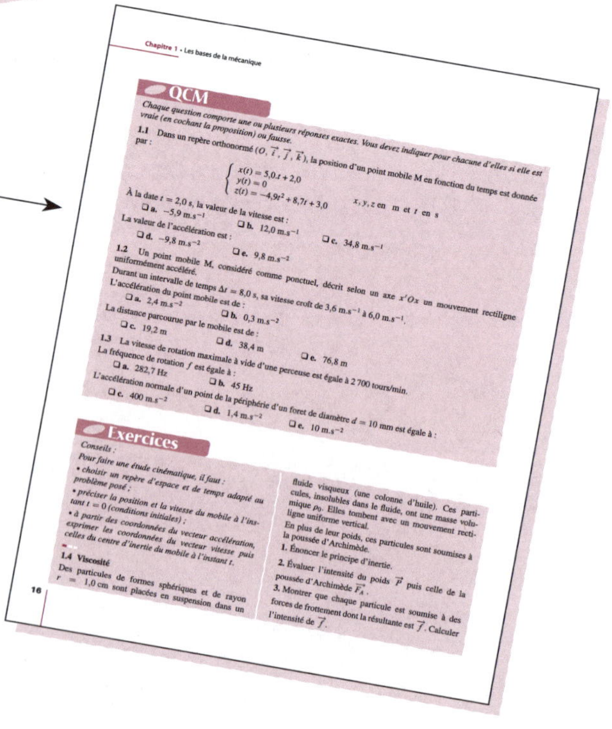

Chapitre 1 • Les bases de la mécanique

QCM

Chaque question comporte une ou plusieurs réponses exactes. Vous devez indiquer pour chacune d'elles si elle est vraie (en cochant la proposition) ou fausse.

1.1 Dans un repère orthonormé $(O, \vec{i}, \vec{j}, \vec{k})$, la position d'un point mobile M en fonction du temps est donnée par :

$$\begin{cases} x(t) = 5{,}0\,t + 2{,}0 \\ y(t) = 0 \\ z(t) = -4{,}9\,t^2 + 8{,}7\,t + 3{,}0 \end{cases} \qquad x, y, z \text{ en m et } t \text{ en s}$$

À la date $t = 2{,}0$ s, la valeur de la vitesse est :

❑ **a.** $-5{,}9\ m.s^{-1}$ ❑ **b.** $12{,}0\ m.s^{-1}$ ❑ **c.** $34{,}8\ m.s^{-1}$

La valeur de l'accélération est :

❑ **d.** $-9{,}8\ m.s^{-2}$ ❑ **e.** $9{,}8\ m.s^{-2}$

1.2 Un point mobile M, considéré comme ponctuel, décrit selon un axe $x'Ox$ un mouvement rectiligne uniformément accéléré.

Durant un intervalle de temps $\Delta t = 8{,}0$ s, sa vitesse croît de $3{,}6\ m.s^{-1}$ à $6{,}0\ m.s^{-1}$.

L'accélération du point mobile est de :

❑ **a.** $2{,}4\ m.s^{-2}$ ❑ **b.** $0{,}3\ m.s^{-2}$

La distance parcourue par le mobile est de :

❑ **c.** 19,2 m ❑ **d.** 38,4 m ❑ **e.** 76,8 m

1.3 La vitesse de rotation maximale à vide d'une perceuse est égale à 2 700 tours/min.

La fréquence de rotation f est égale à :

❑ **a.** 282,7 Hz ❑ **b.** 45 Hz

L'accélération normale d'un point de la périphérie d'un foret de diamètre $d = 10$ mm est égale à :

❑ **c.** $400\ m.s^{-2}$ ❑ **d.** $1{,}4\ m.s^{-2}$ ❑ **e.** $10\ m.s^{-2}$

Exercices

Conseils :

Pour faire une étude cinématique, il faut :

• choisir un repère d'espace et de temps adapté au problème posé ;

• préciser la position et la vitesse du mobile à l'instant $t = 0$ (conditions initiales) ;

• à partir des coordonnées du vecteur accélération, exprimer les coordonnées du vecteur vitesse puis celles du centre d'inertie du mobile à l'instant t.

1.4 Viscosité

Des particules de formes sphériques et de rayon $r = 1{,}0$ cm sont placées en suspension dans un fluide visqueux (une colonne d'huile). Ces particules, insolubles dans le fluide, ont une masse volumique ρ_0. Elles tombent avec un mouvement rectiligne uniforme vertical.

En plus de leur poids, ces particules sont soumises à la poussée d'Archimède.

1. Énoncer le principe d'inertie.

2. Évaluer l'intensité du poids $\vec{P}$ puis celle de la poussée d'Archimède $\vec{F_A}$.

3. Montrer que chaque particule est soumise à des forces de frottement dont la résultante est $\vec{f}$. Calculer l'intensité de $\vec{f}$.

16

cet ouvrage

Les exercices

Chaque chapitre propose des exercices classées par niveaux de difficulté (sur une échelle de trois). De l'application immédiate des connaissances de Terminale, ils vous porteront jusqu'aux exercices-type du concours.

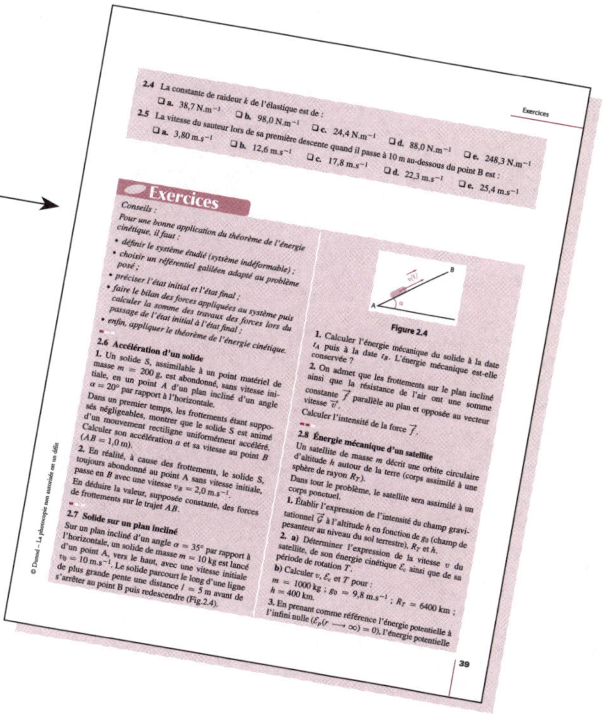

2.4 La constante de raideur k de l'élastique est de :
❑ **a.** 38,7 N.m^{-1} ❑ **b.** 98,0 N.m^{-1} ❑ **c.** 24,4 N.m^{-1} ❑ **d.** 88,0 N.m^{-1} ❑ **e.** 248,3 N.m^{-1}

2.5 La vitesse du sauteur lors de sa première descente quand il passe à 10 m au-dessous du point B est :
❑ **a.** 3,80 m.s^{-1} ❑ **b.** 12,6 m.s^{-1} ❑ **c.** 17,8 m.s^{-1} ❑ **d.** 22,3 m.s^{-1} ❑ **e.** 25,4 m.s^{-1}

Exercices

Conseils :

Pour une bonne application du théorème de l'énergie cinétique, il faut :
- *définir le système étudié (sytsème indéformable) ;*
- *choisir un référentiel galiléen adapté au problème posé ;*
- *préciser l'état initial et l'état final ;*
- *faire le bilan des forces appliquées au système puis calculer la somme des travaux des forces lors du passage de l'état initial à l'état final ;*
- *enfin, appliquer le théorème de l'énergie cinétique.*

2.6 Accélération d'un solide

1. Un solide S, assimilable à un point matériel de masse $m = 200$ g, est abondonné, sans vitesse initiale, en un point A d'un plan incliné d'un angle $\alpha = 20°$ par rapport à l'horizontale.
Dans un premier temps, les frottements étant supposés négligeables, montrer que le solide S est animé d'un mouvement rectiligne uniformément accéléré. Calculer son accélération a et sa vitesse au point B ($AB = 1{,}0$ m).

2. En réalité, à cause des frottements, le solide S, toujours abondonné au point A sans vitesse initiale, passe en B avec une vitesse $v_B = 2{,}0$ m.s^{-1}.
En déduire la valeur, supposée constante, des forces de frottements sur le trajet AB.

2.7 Solide sur un plan incliné

Sur un plan incliné d'un angle $\alpha = 35°$ par rapport à l'horizontale, un solide de masse $m = 10$ kg est lancé d'un point A, vers le haut, avec une vitesse initiale $v_0 = 10$ m.s^{-1}. Le solide parcourt le long d'une ligne de plus grande pente une distance $l = 5$ m avant de s'arrêter au point B puis redescendre (Fig.2.4).

Figure 2.4

1. Calculer l'énergie mécanique du solide à la date t_A puis à la date t_B. L'énergie mécanique est-elle conservée ?

2. On admet que les frottements sur le plan incliné ainsi que la résistance de l'air ont une somme constante $\vec{f}$ parallèle au plan et opposée au vecteur vitesse $\vec{v}$.
Calculer l'intensité de la force $\vec{f}$.

2.8 Énergie mécanique d'un satellite

Un satellite de masse m décrit une orbite circulaire d'altitude h autour de la terre (corps assimilé à une sphère de rayon R_T).
Dans tout le problème, le satellite sera assimilé à un corps ponctuel.

1. Établir l'expression de l'intensité du champ gravitationnel $\vec{\mathcal{G}}$ à l'altitude h en fonction de g_0 (champ de pesanteur au niveau du sol terrestre), R_T et h.

2. a) Déterminer l'expression de la vitesse v du satellite, de son énergie cinétique $\mathcal{E}_c$ ainsi que de sa période de rotation T.
b) Calculer v, $\mathcal{E}_c$ et T pour :
$m = 1000$ kg ; $g_0 = 9{,}8$ m.s^{-1} ; $R_T = 6400$ km ; $h = 400$ km.

3. En prenant comme référence l'énergie potentielle à l'infini nulle ($\mathcal{E}_p(r \longrightarrow \infty) = 0$), l'énergie potentielle

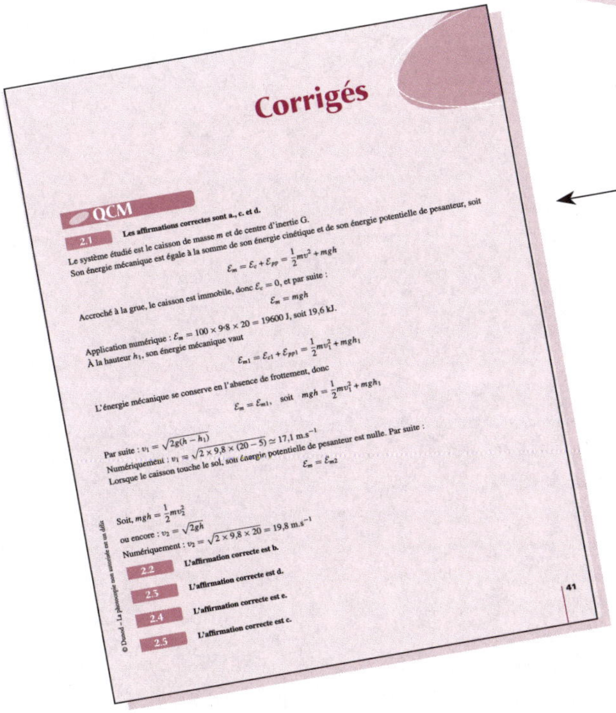

Corrigés

QCM

2.1 **Les affirmations correctes sont a., c. et d.**

Le système étudié est le caisson de masse m et de centre d'inertie G.
Son énergie mécanique est égale à la somme de son énergie cinétique et de son énergie potentielle de pesanteur, soit

$$\mathcal{E}_m = \mathcal{E}_c + \mathcal{E}_{pp} = \frac{1}{2}mv^2 + mgh$$

Accroché à la grue, le caisson est immobile, donc $\mathcal{E}_c = 0$, et par suite :

$$\mathcal{E}_m = mgh$$

Application numérique : $\mathcal{E}_m = 100 \times 9{\cdot}8 \times 20 = 19600$ J, soit 19,6 kJ.
À la hauteur h_1, son énergie mécanique vaut

$$\mathcal{E}_{m1} = \mathcal{E}_{c1} + \mathcal{E}_{pp1} = \frac{1}{2}mv_1^2 + mgh_1$$

L'énergie mécanique se conserve en l'absence de frottement, donc

$$\mathcal{E}_m = \mathcal{E}_{m1}, \quad \text{soit} \quad mgh = \frac{1}{2}mv_1^2 + mgh_1$$

Par suite : $v_1 = \sqrt{2g(h - h_1)}$
Numériquement : $v_1 = \sqrt{2 \times 9{,}8 \times (20 - 5)} \simeq 17{,}1$ m.s^{-1}
Lorsque le caisson touche le sol, son énergie potentielle de pesanteur est nulle. Par suite :

$$\mathcal{E}_m = \mathcal{E}_{m2}$$

Soit, $mgh = \frac{1}{2}mv_2^2$
ou encore : $v_2 = \sqrt{2gh}$
Numériquement : $v_2 = \sqrt{2 \times 9{,}8 \times 20} = 19{,}8$ m.s^{-1}

2.2 **L'affirmation correcte est b.**

2.3 **L'affirmation correcte est d.**

2.4 **L'affirmation correcte est e.**

2.5 **L'affirmation correcte est c.**

Corrigés

Les QCM et exercices sont tous intégralement corrigés. Des commentaires pédagogiques vous guident pas à pas.

Les bases de la mécanique

1

1. La cinématique

L'état d'un mouvement est-il relatif ?

Un objet est en mouvement par rapport à un autre objet (celui qui sert de référence) si sa position change au cours du temps par rapport à cet objet de référence.
Observons par exemple le mouvement d'un forain qui se déplace à vitesse constante sur un plateau circulaire d'un manège suivant un rayon (Fig. 1.1).

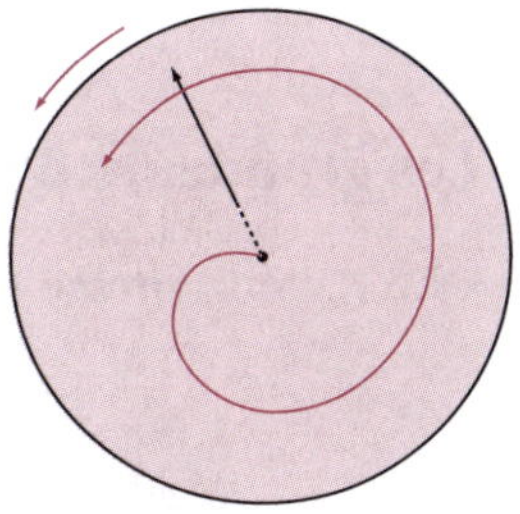

Figure 1.1

Toute étude du mouvement d'un point ou de son immobilité s'effectue par rapport à un référentiel donné.

• Pour un observateur (A) situé dans le manège, le forain se déplace selon un mouvement rectiligne uniforme ;

• Pour un observateur (B) situé à l'extérieur du manège (dans un repère lié à la terre), le mouvement du forain est très différent : la trajectoire du forain a la forme d'une spirale et sa vitesse augmente quand il s'éloigne de l'axe de rotation.

Un référentiel est constitué :

• d'un solide de référence ;

• d'un répère d'espace fixe par rapport au solide ;
• d'une horloge qui définit la chronologie et le repère de temps.

Quelles sont les grandeurs propres à caractériser un point matériel ?

Soit un point M mobile dans un référentiel $(\mathcal{R})$ muni d'un répère d'espace $(O, \overrightarrow{u_x}, \overrightarrow{u_y}, \overrightarrow{u_z})$. Le répérage et l'évolution de ses coordonnées (x, y, z) au cours du temps se fait à l'aide des paramètres et grandeurs suivants :

Le paramètre position

• **Le vecteur position**

La position du mobile est repérée par les composantes du vecteur position $\overrightarrow{OM}$:

$$\overrightarrow{OM} = \overrightarrow{r} = x\overrightarrow{u_x} + y\overrightarrow{u_y} + z\overrightarrow{u_z}$$

x, y et z en m
$r = OM = \sqrt{x^2 + y^2 + z^2}$

• **L'abscisse curviligne**

Si la trajectoire du mobile est connue, on peut l'orienter arbitrairement et choisir une origine A également arbitraire. L'abscisse curviligne, s, est l'arc orienté $\overset{\frown}{AM}$, soit

$$s = \overset{\frown}{AM}$$

Les grandeurs d'évolution

• Le **vecteur vitesse** ; dérivée du vecteur position $\overrightarrow{OM}$ par rapport au temps :

v_x, v_y et v_z sont les valeurs des projections de $\overrightarrow{v}$ sur chacun des axes ; ce sont des nombres algébriques.

Les vecteurs $\overrightarrow{u_x}$, $\overrightarrow{u_y}$ et $\overrightarrow{u_z}$ étant des vecteurs constants, leurs dérivées par rapport au temps sont donc nulles.

$$\overrightarrow{v} = \frac{d\overrightarrow{OM}}{dt} = \dot{x}\overrightarrow{u_x} + \dot{y}\overrightarrow{u_y} + \dot{z}\overrightarrow{u_z} \ ; \ \begin{cases} \dot{x} = v_x = \dfrac{dx}{dt} \\ \dot{y} = v_y = \dfrac{dy}{dt} \\ \dot{z} = v_z = \dfrac{dz}{dt} \end{cases}$$

$\dot{x}$, $\dot{y}$ et $\dot{z}$ en $m.s^{-1}$
$v = \sqrt{\dot{x}^2 + \dot{y}^2 + \dot{z}^2}$

• Le **vecteur accélération** ; dérivée du vecteur vitesse par rapport au temps :

$$\overrightarrow{a} = \frac{d\overrightarrow{v}}{dt} = \ddot{x}\overrightarrow{u_x} + \ddot{y}\overrightarrow{u_y} + \ddot{z}\overrightarrow{u_z} \ ; \ \begin{cases} \ddot{x} = a_x = \dfrac{d^2x}{dt^2} \\ \ddot{y} = a_y = \dfrac{d^2y}{dt^2} \\ \ddot{z} = a_z = \dfrac{d^2z}{dt^2} \end{cases}$$

$\ddot{x}$, $\ddot{y}$ et $\ddot{z}$ en $m.s^{-2}$
$a = \sqrt{\ddot{x}^2 + \ddot{y}^2 + \ddot{z}^2}$

Quels systèmes de coordonnées utiliser pour repérer la position d'un point matériel ?

Une fois le référentiel choisi, on lui associe un repère. Le repère sera fixe par rapport au référentiel.

Repérage d'un point en coordonnées cartésiennes

Tout point M peut être repéré par ses coordonnées cartésiennes (x, y, z) (Fig.1.2). Si O est l'origine du repère, le vecteur position s'écrit :

$\overrightarrow{OM} = \overrightarrow{r} = x\overrightarrow{u_x} + y\overrightarrow{u_y} + z\overrightarrow{u_z}$	$(\overrightarrow{u_x}, \overrightarrow{u_y}, \overrightarrow{u_z})$: base orthonormale directe liée au référentiel

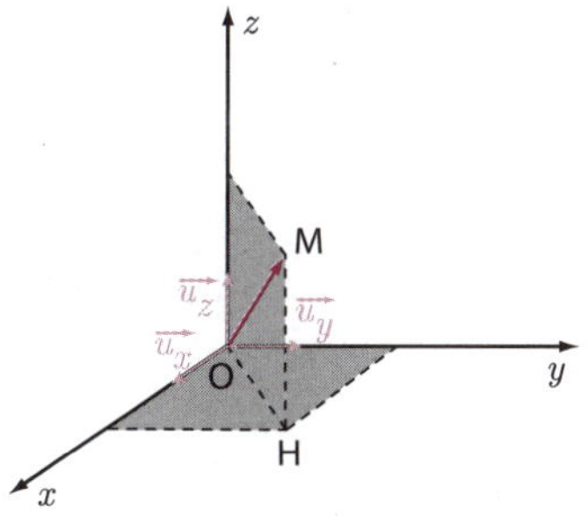

Figure 1.2

Repérage d'un point en coordonnées polaires (cas d'un mouvement plan)

On définit un axe Ox, axe polaire, et une origine O ou pôle.

• **Vecteur position**

Tout point mobile M peut être repéré par ses coordonnées polaires planes (r, θ) (Fig.1.3) :

$\overrightarrow{OM} = \overrightarrow{r} = r\overrightarrow{u_r}$	$\overrightarrow{r}$: rayon vecteur, θ : angle polaire, $(\overrightarrow{u_r}, \overrightarrow{u_\theta})$: base locale mobile, orthonormée directe, liée à M

$\overrightarrow{u_\theta}$ est obtenu à partir de $\overrightarrow{u_r}$ par une rotation de $+\frac{\pi}{2}$.

$\frac{d\overrightarrow{u_r}}{d\theta} = \overrightarrow{u_\theta}$ et $\frac{d\overrightarrow{u_\theta}}{d\theta} = -\overrightarrow{u_r}$ (nouvelle rotation de $+\frac{\pi}{2}$.

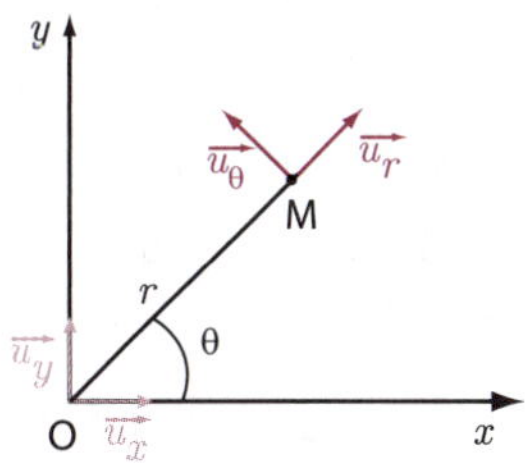

Figure 1.3

• **Relation entre coordonnées cartésiennes et coordonnées polaires**

$$\left| \begin{array}{l} x = r\cos\theta \\ y = r\sin\theta \end{array} \right. \qquad \text{avec} \quad x^2 + y^2 = r^2$$

En coordonnées cylindriques

Le mobile sera repéré par ses coordonnées cylindriques (r, θ, z).

$\overrightarrow{OM} = \overrightarrow{OH} + \overrightarrow{HM} = \overrightarrow{r} = r\overrightarrow{u_r} + z\overrightarrow{u_z}$	$(\overrightarrow{u_r}, \overrightarrow{u_\theta}, \overrightarrow{u_z})$ est une base orthonormée directe mobile liée à H (Fig.1.4).

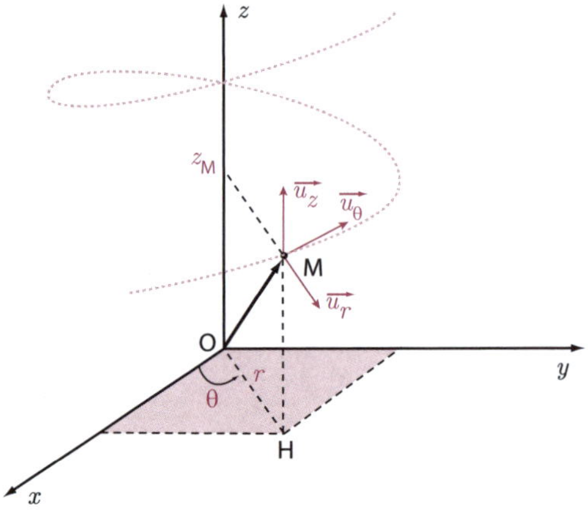

Figure 1.4

Quels sont les différents référentiels ?

Les référentiels d'usage courant sont :

Le référentiel de Copernic

Il est constitué d'un repère d'origine le point O, centre d'inertie du système solaire, et de trois axes dirigés vers trois étoiles considérées comme fixes, et d'un repère de temps.

Le référentiel héliocentrique (ou de Kepler)

Il est constitué d'un repère en mouvement de translation par rapport à celui de Copernic, d'origine le point S, centre d'inertie du soleil, et d'un repère de temps.

Le référentiel géocentrique

Il est constitué d'un repère en mouvement de translation par rapport au référentiel héliocentrique, d'origine le centre d'inertie de la terre, et d'un repère de temps.

Le référentiel géocentrique a un mouvement de translation circulaire par rapport au référentiel héliocentrique : ses axes ne tournent pas dans le référentiel héliocentrique.

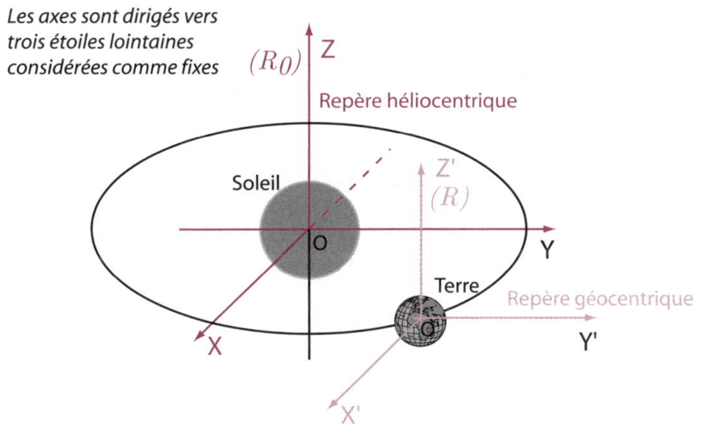

Figure 1.5

Le référentiel terrestre

Il est constitué d'un repère dont l'origine est un point de la terre, de trois axes liés à la terre, et d'un repère de temps (Fig.1.6).

Le référentiel terrestre est en rotation dans le référentiel géocentrique : il est donc à la fois en rotation et en translation dans le référentiel héliocentrique.

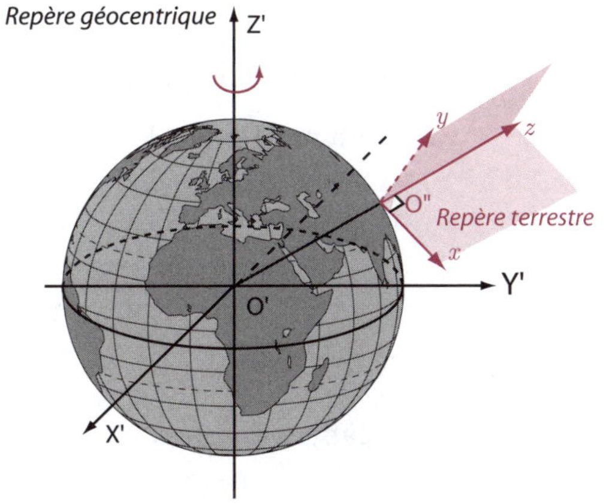

Figure 1.6

Quels sont les différents mouvements usuels ?

Le mouvement rectiligne

Définition. Un point mobile M a un mouvement rectiligne si sa trajectoire est une droite.

Le mobile M se déplace le long d'une droite sur laquelle sera choisi un vecteur unitaire $\vec{i}$ (Fig.1.7).

Suivant un axe $x'Ox$, le vecteur position s'écrit $\overrightarrow{OM} = x\,\vec{i}$.

On déduit donc :

$$\vec{v} = \dot{x}\,\vec{i} \quad \text{et} \quad \vec{a} = \ddot{x}\,\vec{i}$$

Dans l'écriture $v = \frac{dx}{dt}$, v ne représente pas la norme de la vitesse.

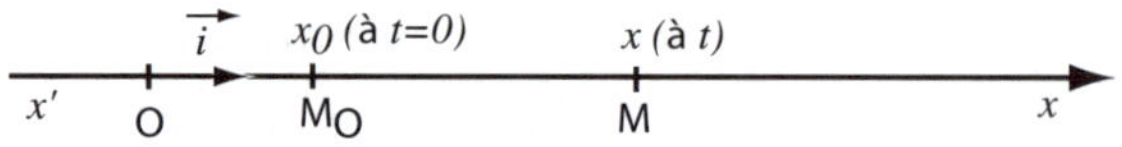

Figure 1.7

Mouvement rectiligne uniforme

Définition. Un point mobile M a un mouvement rectiligne uniforme si sa trajectoire est une droite et la norme de sa vitesse est constante.

Suivant un axe $x'Ox$ la vitesse instantanée est $\vec{v} = \vec{v_0} = v_0\,\vec{i} = \overrightarrow{cste}$.

Comme $\vec{v} = \overrightarrow{cste}$ alors $\vec{a} = \dfrac{d\vec{v}}{dt} = \vec{0}$.

De plus, comme $v = \dfrac{dx}{dt} = v_0$ alors, $x = \int_0^t v_0 dt = v_0 t + x_0$ où x_0 est l'abscisse du point M à la date $t = 0$.

Pour un mouvement rectiligne uniforme, on a donc :

$$\begin{cases} v = v_0 = cste \\ x = v_0 t + x_0 \end{cases}$$

Mouvement rectiligne uniformément varié

Définition. Un point mobile M a un mouvement rectiligne uniformément varié si $\vec{a} = \vec{a_0} = a_0\,\vec{i} = \overrightarrow{cste}$.

Si $\vec{a}.\vec{v} > 0$ alors le mouvement est accéléré.
Si $\vec{a}.\vec{v} < 0$ alors le mouvement est décéléré.

• Équations horaires

Comme $\vec{a} = \dfrac{d\vec{v}}{dt}$ alors $v = \displaystyle\int_0^t a_0 dt = a_0 t + v_0$ où v_0 est la vitesse du mobile à $t = 0$.

Ainsi $x = \dfrac{1}{2}a_0 t^2 + v_0 t + x_0$ (x_0 abscisse du mobile à $t = 0$).

Pour un mouvement rectiligne uniformément varié, on a donc

$$\begin{cases} (1)\ a = a_0 = cste \\ (2)\ v = a_0 t + v_0 \\ (3)\ x = \dfrac{1}{2}a_0 t^2 + v_0 t + x_0 \end{cases}$$

En éliminant t entre les équations (2) et (3), on obtient :

$$v^2 - v_0^2 = 2a_0(x - x_0)$$

Le mobile M se déplace entre deux positions extrêmes M_1 et M_2 d'abscisses respectives $+x_m$ et $-x_m$.

Mouvement rectiligne sinusoïdal

Définition. Un mobile est animé d'un mouvement rectiligne sinusoïdal si sa trajectoire est une droite et sa loi horaire est une fonction sinusoïdale du temps, soit :

$$x = x_m \sin(\omega t + \phi)$$

x_m : amplitude du mouvement
ω : pulsation en rad.s^{-1}
ϕ : phase à l'origine (en rad)
$(\omega t + \phi)$: phase à la date t (en rad)

• **La vitesse du mobile**

Comme $v = \dfrac{dx}{dt}$ alors $v = \dot{x} = \omega x_m \cos(\omega t + \phi)$.

• **L'accélération du mobile**

Comme $a = \dfrac{dv}{dt}$ alors $a = \ddot{x} = -\omega^2 \underbrace{x_m \sin(\omega t + \phi)}_{x(t)} = -\omega^2 x$, soit $\ddot{x} + \omega^2 x = 0$

On retrouve l'équation différentielle de l'oscillateur harmonique.

Mouvement circulaire

Définition. Un point mobile M a un mouvement circulaire lorsqu'il se déplace sur un cercle fixe par rapport au repère d'espace choisi.

Le repérage de la position du mobile peut être (Fig.1.8) :

– en coordonnées cartésiennes : on choisit une origine O, centre du cercle de rayon R ;
– en coordonnées curvilignes : on prendra comme origine le point A, le point de coordonnées ($x = R$, $y = 0$) et comme sens positif le sens direct;
– en coordonnées polaires : le mobile M est repéré par ses coordonnées polaires (r,θ) avec $\theta = (\overrightarrow{OA}, \overrightarrow{OM})$.

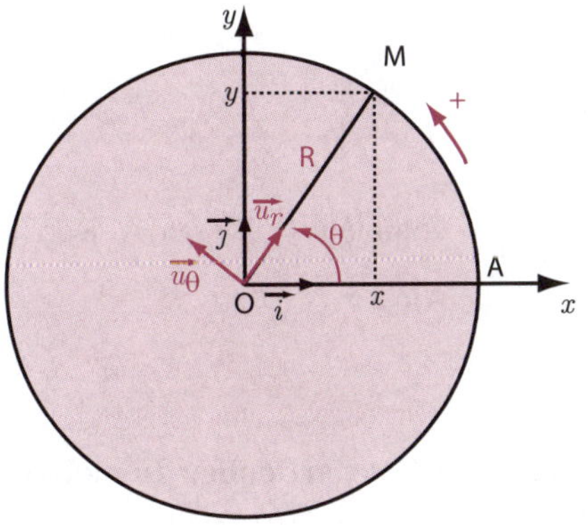

Figure 1.8

$\overrightarrow{u_\theta}$ est obtenu à partir de $\overrightarrow{u_r}$ par une rotation de $+\frac{\pi}{2}$.

Remarque :

- si s représente l'abscisse curviligne, on a $s = R\theta$,
- $\overrightarrow{u_r} = \cos\theta\,\overrightarrow{i} + \sin\theta\,\overrightarrow{j}$,
- $\overrightarrow{u_\theta} = \cos\left(\theta + \frac{\pi}{2}\right)\overrightarrow{i} + \sin\left(\theta + \frac{\pi}{2}\right)\overrightarrow{j} = -\sin\theta\,\overrightarrow{i} + \cos\theta\,\overrightarrow{j}$.

• Vitesse $\overrightarrow{v}$

$$\overrightarrow{v} = \frac{d\overrightarrow{OM}}{dt} = \frac{d}{dt}\left(R\overrightarrow{u_r}\right) = R\frac{d\overrightarrow{u_r}}{dt}$$

Déterminons $\dfrac{d\overrightarrow{u_r}}{dt}$.

On a :

$$\frac{d\overrightarrow{u_r}}{dt} = \frac{d\overrightarrow{u_r}}{d\theta}.\frac{d\theta}{dt} \quad \text{(dérivée d'une fonction composée).}$$

Comme

$$\frac{d\overrightarrow{u_r}}{d\theta} = \frac{d}{d\theta}\left(\cos\theta\,\overrightarrow{i} + \sin\theta\,\overrightarrow{j}\right) = -\sin\theta\,\overrightarrow{i} + \cos\theta\,\overrightarrow{j} = \overrightarrow{u_\theta} \quad \text{et} \quad \frac{d\theta}{dt} = \dot{\theta},$$

alors : $\dfrac{d\overrightarrow{u_r}}{dt} = \dot{\theta}\overrightarrow{u_\theta}$

De la même façon, on montre que :

$$\frac{d\overrightarrow{u_\theta}}{dt} = -\dot{\theta}\overrightarrow{u_r}$$

$\omega = \dot{\theta}$ représente la vitesse angulaire.

Conclusion :

$$\overrightarrow{v} = R\frac{d\overrightarrow{u_r}}{dt} = R\dot{\theta}\overrightarrow{u_\theta} = R\omega\overrightarrow{u_\theta}$$

• Accélération $\overrightarrow{a}$

$$\overrightarrow{a} = \frac{d\overrightarrow{v}}{dt} = \frac{d}{dt}\left(R\dot{\theta}\overrightarrow{u_\theta}\right) = R\ddot{\theta}\overrightarrow{u_\theta} - R\dot{\theta}^2\overrightarrow{u_r}$$

comme $v = R\dot{\theta}$ alors $R\dot{\theta}^2 = \dfrac{v^2}{R}$ et $R\ddot{\theta} = \dfrac{dv}{dt}$.

Ainsi :

$$\overrightarrow{a} = -R\dot{\theta}^2\overrightarrow{u_r} + R\ddot{\theta}\overrightarrow{u_\theta} = -\frac{v^2}{R}\overrightarrow{u_r} + \frac{dv}{dt}\overrightarrow{u_\theta}$$

• Cas particulier du mouvement circulaire uniforme

L'accélération $\overrightarrow{a}$ est centripète et le mouvement est périodique de période $T = \frac{2\pi}{\omega_0}$.

Dans ce cas, on a : $\omega = \dot{\theta} = \omega_0 = cste$ et $v = v_0 = cste$.
Ainsi $\overrightarrow{v} = R\omega_0\overrightarrow{u_\theta}$ et $\overrightarrow{a} = -R\omega_0^2\overrightarrow{u_r}$.

Quelles sont les conséquences d'un changement de repère ?

La trajectoire, la vitesse et l'accélération du mobile dépendent du référentiel $(\mathcal{R})$ auquel est rapporté le mouvement.

Soit un référentiel $(\mathcal{R}_0)$ considéré comme fixe et $(\mathcal{R})$ un référentiel mobile par rapport à $(\mathcal{R}_0)$ (Fig.1.9).

Associons au référentiel $(\mathcal{R}_0)$ le repère d'espace $(O, \overrightarrow{u_x}, \overrightarrow{u_y}, \overrightarrow{u_z})$ et au référentiel $(\mathcal{R})$ le repère d'espace $(O', \overrightarrow{u'_x}, \overrightarrow{u'_y}, \overrightarrow{u'_z})$.

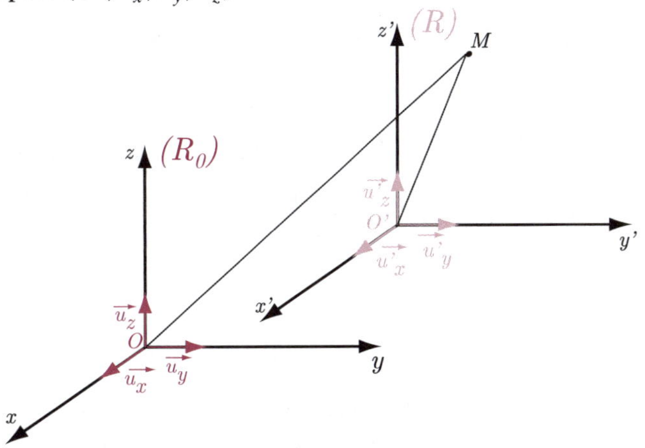

Figure 1.9

M étant un point mobile dans un référentiel $(\mathcal{R})$.

On appelle :

– mouvement relatif, le mouvement de M par rapport à $(\mathcal{R})$;
– mouvement absolu, le mouvement de M par rapport à $(\mathcal{R}_0)$;
– mouvement d'entraînement, le mouvement de $(\mathcal{R})$ par rapport à $(\mathcal{R}_0)$.

Composition des vitesses

Comme $\overrightarrow{OM} = \overrightarrow{OO'} + \overrightarrow{O'M}$, alors

$$\overrightarrow{v(M)} = \frac{d\overrightarrow{OM}}{dt} = \frac{d\overrightarrow{OO'}}{dt} + \frac{d\overrightarrow{O'M}}{dt},$$

soit $\overrightarrow{v_a} = \overrightarrow{v_r} + \overrightarrow{v_e}$

avec

$$\begin{cases} \overrightarrow{v_a} = \dfrac{d\overrightarrow{OM}}{dt} = \overrightarrow{v(M)}/(\mathcal{R}_0) \\ \overrightarrow{v_r} = \dfrac{d\overrightarrow{O'M}}{dt} = \overrightarrow{v(M)}/(\mathcal{R}) \\ \overrightarrow{v_e} = \dfrac{d\overrightarrow{OO'}}{dt} = \overrightarrow{v}(\mathcal{R})/(\mathcal{R}_0) \end{cases}$$

Composition des accélérations

Si le mouvement d'entraînement est rectiligne sans rotation de $(\mathcal{R})$ alors,

$$\overrightarrow{a(M)} = \frac{d^2\overrightarrow{OM}}{dt^2} = \frac{d^2\overrightarrow{OO'}}{dt^2} + \frac{d^2\overrightarrow{O'M}}{dt^2},$$

soit $\overrightarrow{a_a} = \overrightarrow{a_r} + \overrightarrow{a_e}$.

2. Dynamique d'un point matériel

Quelles sont les différentes actions auxquelles peut être soumis un système mécanique ?

Il existe différentes actions (ou forces). Rappelons les expressions de quelques forces courantes.

Les interactions à distance - Description par un vecteur champ

- **L'interaction gravitationnelle**

Loi de l'attraction universelle. Deux points matériels A et B de masses respectives m_A et m_B exercent l'un sur l'autre des forces attractives $\overrightarrow{F_{A/B}}$ et $\overrightarrow{F_{B/A}}$ telles que (Fig. 1.10) :

$$\overrightarrow{F_{A/B}} = -\overrightarrow{F_{B/A}} = -G\frac{m_A m_B}{r_{AB}^2}\overrightarrow{u_{AB}}$$

m_A : masse du point matériel A en kg
m_B : masse du point matériel B en kg
G : constante de gravitation universelle en $\text{N.m}^2.\ \text{kg}^{-2}$
r_{AB} : distance entre A et B en m
$\overrightarrow{u_{AB}}$: vecteur unitaire dirigé de A vers B

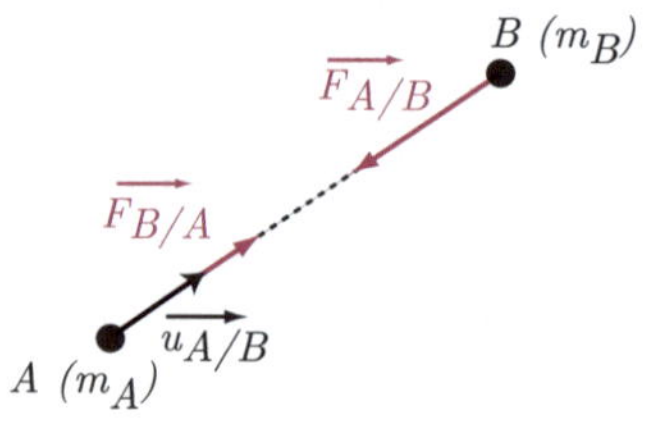

Figure 1.10

Le champ de gravitation. Soit un corps ponctuel de masse M placé en un point O. Il exerce sur tout autre corps de masse m placé en P (appelé corps d'épreuve) une force

Un champ est une région de l'espace dont les propriétés ont été modifiées par la présence d'un corps, appelé source du champ.

On dit qu'en un point P de l'espace existe un champ gravitationnel $\vec{\mathcal{G}}(P)$, si une masse ponctuelle m placée en ce point est soumise à une force gravitationnelle $\vec{F} = m\vec{\mathcal{G}}(P)$.

$\overrightarrow{F_{O/P}}$ telle que :

$$\overrightarrow{F_{O/P}} = -G\frac{Mm}{r^2}\overrightarrow{u_{OP}} \text{ ou } \overrightarrow{F_{O/P}} = m.\vec{\mathcal{G}}(P)$$

$\vec{\mathcal{G}}(P)$ représente le champ de gravitation créé au point P par le corps ponctuel de masse M placé au point O (Fig.1.11) :

$$\vec{\mathcal{G}}(P) = -G\frac{M}{r^2}\overrightarrow{u_{OP}}$$

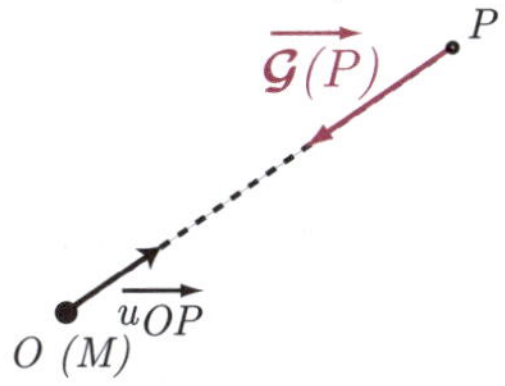

Figure 1.11

$\mathcal{G}(P)$: champ de gravitation en N.kg^{-1}
G : constante de gravitation universelle
M : masse du corps ponctuel en kg
$r = OP$: distance en m

• **Poids**

Le poids d'un objet ponctuel de masse m situé en un point M est tel que :

$\vec{P} = m\overrightarrow{g_T}(M)$	$\vec{P}$: poids de l'objet de masse m en N m : masse du point matériel en kg $\overrightarrow{g_T}(M)$: champ de pesanteur terrestre au point M considéré en N.kg^{-1} ou m.s^{-2}

Au voisinage de la surface de la terre, le poids d'un corps s'identifie à la force gravitationnelle exercée par la terre, astre de centre O et de masse M_T, sur le corps de masse m et de centre d'inertie S, soit :

$$\vec{P} = \vec{F_g} \quad \text{avec} \quad \vec{P} = m\vec{g_T} \quad \text{et} \quad \vec{F}_{g(terre/objet)} = -G\frac{mM_T}{R_T^2}\overrightarrow{u_{SO}}$$

Ainsi :

$$\vec{g}_T = -G\frac{M_T}{R_T^2}\overrightarrow{u_{SO}}$$

Au voisinage la terre, $g_T \simeq 9{,}81$ N.kg^{-1}.

• **L'interaction électrostatique**

La loi de Coulomb. Deux charges électriques immobiles, de charges respectives q_A et q_B, exercent l'une sur l'autre les forces $\overrightarrow{F_{A/B}}$ et $\overrightarrow{F_{B/A}}$ telles que (Fig.1.12) :

$\overrightarrow{F_{A/B}} = -\overrightarrow{F_{B/A}} = \dfrac{1}{4\pi\epsilon_0}\dfrac{q_Aq_B}{r_{AB}^2}\overrightarrow{u_{AB}}$	q_A : charge du point matériel A en C q_B : charge du point matériel B en C ϵ_0 : permittivité du vide en m.F^{-1} r_{AB} : distance entre A et B en m $\overrightarrow{u_{AB}}$: vecteur unitaire dirigé de A vers B

Dans le cas représenté ci-contre, les charges q_A et q_B sont de même signe, soit $q_A.q_B > 0$.

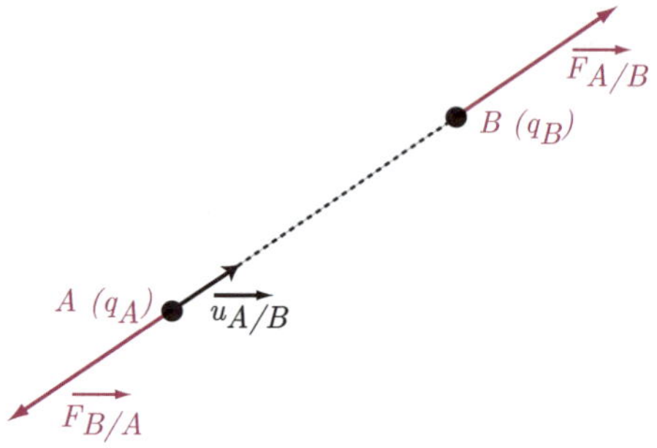

Figure 1.12

Le champ électrostatique. Soit un corps ponctuel de charge Q placé en un point O. Il exerce sur tout autre corps de charge q placé en P (appelé corps d'épreuve) une force $\overrightarrow{F_{O/P}}$ telle que :

$$\overrightarrow{F_{O/P}} = \frac{1}{4\pi\epsilon_0}\frac{Qq}{r^2}\overrightarrow{u_{OP}} \text{ ou } \overrightarrow{F_{O/P}} = q.\overrightarrow{E}(P)$$

$\overrightarrow{E}(P)$ représente le champ électrostatique créé au point P par le corps ponctuel de charge Q placé au point O (Fig.1.13) :

On dit qu'en un point P de l'espace existe un champ électrostatique $\overrightarrow{E}(P)$, si une charge ponctuelle q placée en ce point est soumise à une force électrostatique $\overrightarrow{F} = q\overrightarrow{E}(P)$.

$$\overrightarrow{E}(P) = \frac{1}{4\pi\epsilon_0}\frac{Q}{r^2}\overrightarrow{u_{OP}}$$

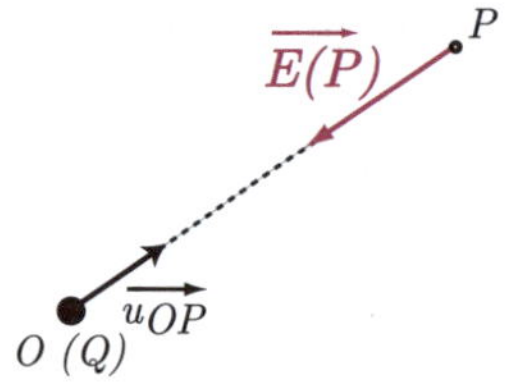

Figure 1.13

$E(P)$: champ électrostatique en V.m^{-1}
ϵ_0 : permittivité du vide en m.F^{-1}
Q : charge en C
$r = OP$: distance en m

Cas d'un champ uniforme :

Entre deux plaques uniformément chargées ($+Q$, $-Q$), séparées d'une distance d et soumises à une tension U, règne un champ électrostatique $\overrightarrow{E}$ uniforme tel que :

$$E = \frac{U}{d}$$

Pour un champ $\overrightarrow{E}$ uniforme, on a $V_A - V_B = \overrightarrow{E}.\overrightarrow{AB}$.

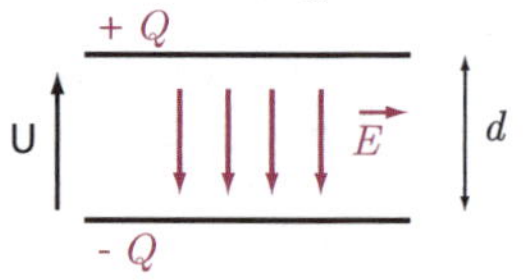

Figure 1.14

E en V.m^{-1}
U en V
d en m

Lorsque la charge Q de chacune des armatures est donnée, la valeur du champ $\overrightarrow{E}$ est indépendante de la distance d. Elle ne dépend que de la charge surfacique $\sigma = \dfrac{Q}{S}$ où S représente la surface des armatures.

Les actions de contact

• Action exercée par un ressort

$$\overrightarrow{F} = -kx\overrightarrow{u_x}$$

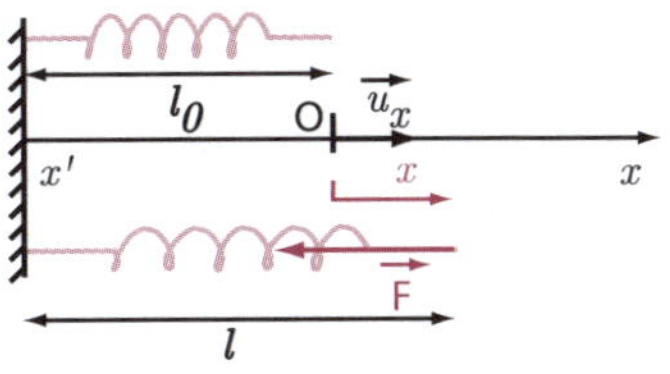

Figure 1.15

$\overrightarrow{F}$: tension du ressort
x : allongement en m
k : constante de raideur du ressort en $N.m^{-1}$

• Actions exercées par un fluide sur un solide

La poussée d'Archimède

$$\overrightarrow{F_A} = -m_{f.d}\,\overrightarrow{g}$$

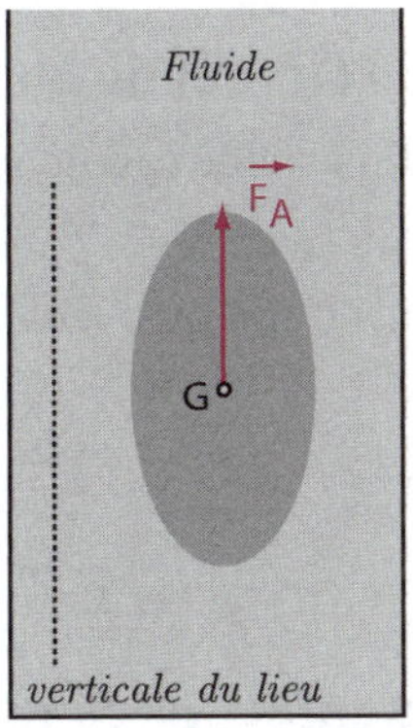

Figure 1.16

$\overrightarrow{F_A}$: poussée d'Archimède
$m_{f.d}$: masse du fluide déplacé
$\overrightarrow{g}$: champ de pesanteur

La force de frottement fluide

$$\overrightarrow{f} = -k\overrightarrow{v}$$

(cas des faibles vitesses)

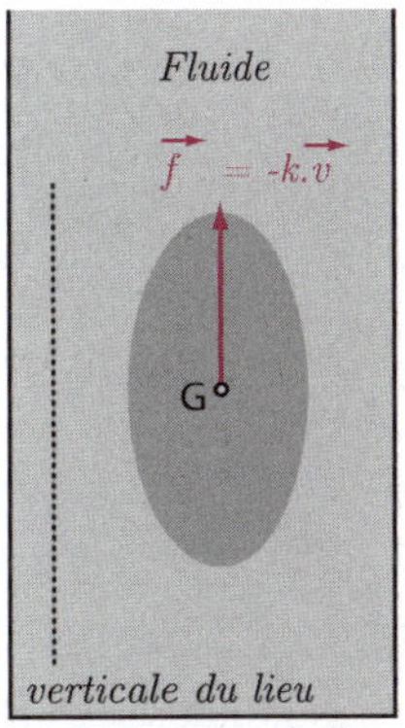

Figure 1.17

$\overrightarrow{f}$: vecteur force de frottement
$\overrightarrow{v}$: vecteur vitesse
$\overrightarrow{g}$: champ de pesanteur

Dans le cas d'un solide sphérique, la force de frottement fluide est donnée par :

$\overrightarrow{f} = -6\pi\eta r\,\overrightarrow{v}$ (loi de Stokes)	η : coefficient de viscosité du fluide en Pa.s r : rayon de la sphère $\overrightarrow{v}$: vecteur vitesse du centre d'inertie du solide

Que représente la quantité de mouvement d'un point matériel ?

Soit un point matériel M, de masse m, se déplaçant à la vitesse $\overrightarrow{v}$ dans un repère $(\mathcal{R})$. Le vecteur quantité de mouvement du point matériel M, noté $\overrightarrow{p}$, dans le repère $(\mathcal{R})$ s'écrit :

$\overrightarrow{p} = m\overrightarrow{v}$	$\overrightarrow{p}$: vecteur quantité de mouvement m : masse du point matériel $\overrightarrow{v}$: vecteur vitesse du point matériel

Dans le cas d'un système (ensemble de points matériels), le vecteur quantité de mouvement a pour expression :

$\overrightarrow{p} = m\overrightarrow{v_G}$	$\overrightarrow{p}$: vecteur quantité de mouvement $m = \sum_i m_i$: masse totale du système $\overrightarrow{v_G}$: vecteur vitesse du centre d'inertie

Quelles sont les différentes lois de Newton ?

Elles sont au nombre de trois.

Principe d'inertie (1re loi de Newton)

Le centre d'inertie d'un solide (pseudo) isolé est tel que :

- s'il est au repos, il reste au repos ;
- s'il est en mouvement, son mouvement est rectiligne uniforme.

$$\sum \overrightarrow{f_{ext}} = \overrightarrow{0} \Longrightarrow \begin{array}{c}\text{système isolé}\\ \text{ou}\\ \text{pseudo-isolé}\end{array} \Longrightarrow \begin{array}{c}\overrightarrow{v_G} = \overrightarrow{cste}\\ \left(\overrightarrow{p} = \overrightarrow{cste}\right)\end{array}$$

Relation fondamentale de la dynamique (2e loi de Newton)

$m\overrightarrow{a_G} = \sum \overrightarrow{f_{ext}}$	m : masse du solide $\overrightarrow{a_G}$: vecteur accélération du centre d'inertie $\sum \overrightarrow{f_{ext}}$: ensemble des forces s'exerçant sur le solide

Pour une bonne application de la relation fondamentale de la dynamique, il faut suivre les étapes suivantes :

- *définir le système étudié ;*
- *faire le bilan des forces extérieures appliquées au système ;*
- *choisir le référentiel ;*
- *écrire la relation fondamentale de la dynamique :* $m\overrightarrow{a_G} = \sum \overrightarrow{f_{ext}}$ *;*

- *choisir un repère de projection ;*
- *projeter les deux membres de la relation* $m\overrightarrow{a_G} = \sum \overrightarrow{f_{ext}}$ *sur les axes du repère de projection.*

Principe des actions réciproques (3e loi de Newton)

Quel que soit l'état de mouvement de A par rapport à B, on a toujours l'égalité vectorielle : $\overrightarrow{F_{A/B}} = -\overrightarrow{F_{B/A}}$.

Si un système (A) exerce sur un système (B) une force $\overrightarrow{F_{A/B}}$ alors (B) exerce sur (A) une force $\overrightarrow{F_{B/A}}$ telle que :

$$\overrightarrow{F_{A/B}} = -\overrightarrow{F_{B/A}}$$

Qu'est ce qu'un référentiel galiléen ?

Un référentiel est galiléen si le principe d'inertie est vérifié.

Le caractère galiléen ou non attribué à un référentiel donné dépend de la précision des observations effectuées.

On peut tester le caractère galiléen d'un référentiel à l'aide de la 1re loi de Newton (principe d'inertie) : tout corps soumis à des forces qui se compensent persévère dans son état de repos ou de mouvement rectiligne uniforme.

Quels référentiels peuvent être considérés comme galiléens ?

Tout référentiel en mouvement de translation rectiligne uniforme par rapport à un référentiel galiléen est lui-même galiléen.

En mécanique, on peut classer les référentiels usuels dans l'ordre suivant, du plus galiléen au moins galiléen :

- le référentiel de Copernic ;
- le référentiel héliocentrique (ou de Kepler) ;
- le référentiel géocentrique ;
- le référentiel terrestre.

QCM

Chaque question comporte une ou plusieurs réponses exactes. Vous devez indiquer pour chacune d'elles si elle est vraie (en cochant la proposition) ou fausse.

1.1 Dans un repère orthonormé $(O, \vec{i}, \vec{j}, \vec{k})$, la position d'un point mobile M en fonction du temps est donnée par :

$$\begin{cases} x(t) = 5{,}0.t + 2{,}0 \\ y(t) = 0 \\ z(t) = -4{,}9t^2 + 8{,}7t + 3{,}0 \end{cases} \qquad x, y, z \text{ en m et } t \text{ en s}$$

À la date $t = 2{,}0$ s, la valeur de la vitesse est :

❑ **a.** $-5{,}9$ m.s^{-1} ❑ **b.** 12,0 m.s^{-1} ❑ **c.** 34,8 m.s^{-1}

La valeur de l'accélération est :

❑ **d.** $-9{,}8$ m.s^{-2} ❑ **e.** 9,8 m.s^{-2}

1.2 Un point mobile M, considéré comme ponctuel, décrit selon un axe $x'Ox$ un mouvement rectiligne uniformément accéléré.

Durant un intervalle de temps $\Delta t = 8{,}0$ s, sa vitesse croît de 3,6 m.s^{-1} à 6,0 m.s^{-1}.

L'accélération du point mobile est de :

❑ **a.** 2,4 m.s^{-2} ❑ **b.** 0,3 m.s^{-2}

La distance parcourue par le mobile est de :

❑ **c.** 19,2 m ❑ **d.** 38,4 m ❑ **e.** 76,8 m

1.3 La vitesse de rotation maximale à vide d'une perceuse est égale à 2 700 tours/min.

La fréquence de rotation f est égale à :

❑ **a.** 282,7 Hz ❑ **b.** 45 Hz

L'accélération normale d'un point de la périphérie d'un foret de diamètre $d = 10$ mm est égale à :

❑ **c.** 400 m.s^{-2} ❑ **d.** 1,4 m.s^{-2} ❑ **e.** 10 m.s^{-2}

Exercices

Conseils :

Pour faire une étude cinématique, il faut :

- *choisir un repère d'espace et de temps adapté au problème posé ;*
- *préciser la position et la vitesse du mobile à l'instant $t = 0$ (conditions initiales) ;*
- *à partir des coordonnées du vecteur accélération, exprimer les coordonnées du vecteur vitesse puis celles du centre d'inertie du mobile à l'instant t.*

1.4 Viscosité

Des particules de formes sphériques et de rayon $r = 1{,}0$ cm sont placées en suspension dans un fluide visqueux (une colonne d'huile). Ces particules, insolubles dans le fluide, ont une masse volumique ρ_0. Elles tombent avec un mouvement rectiligne uniforme vertical.

En plus de leur poids, ces particules sont soumises à la poussée d'Archimède.

1. Énoncer le principe d'inertie.

2. Évaluer l'intensité du poids $\vec{P}$ puis celle de la poussée d'Archimède $\vec{F_A}$.

3. Montrer que chaque particule est soumise à des forces de frottement dont la résultante est $\vec{f}$. Calculer l'intensité de $\vec{f}$.

4. Sachant que $f = kv$, où v représente la vitesse de la particule, en déduire la vitesse de la particule puis le temps de chute si la longueur de la colonne est $l = 33$ cm.

Données :

- Masse volumique du fluide : $\rho = 950$ kg. m^{-3},
- Masse volumique des particules : $\rho_0 = 1\,500$ kg. m^{-3},
- Intensité du champ de pesanteur : $g = 10$ N.kg^{-1},
- $k = 1{,}0$ N.s.m^{-1},

1.5 Accélération de particules chargées

Des noyaux d'hélium ${}^4_2He^{2+}$ sortent sans vitesse initiale par une ouverture A. Ils sont soumis à l'action d'une tension accélératrice U_0 constante entre deux plaques parallèles A et C (Fig.1.18).

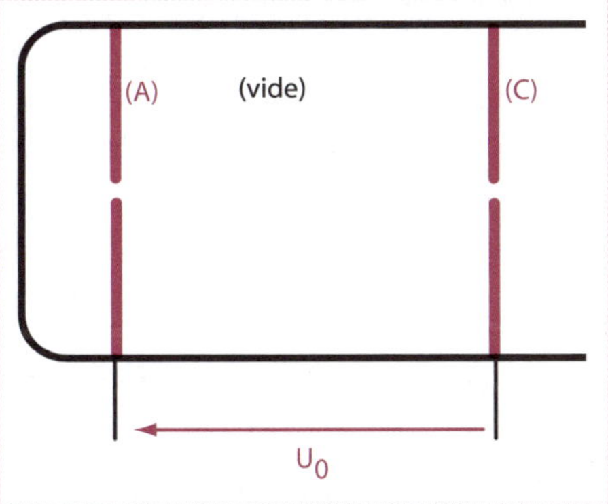

Figure 1.18

1. Montrer que le mouvement des noyaux d'hélium est un mouvement rectiligne uniformément varié. Calculer l'accélération a des noyaux d'hélium.

2. La distance séparant les deux plaques est d=2 cm. Calculer le temps mis par les noyaux pour parcourir la distance d.

Le champ électrique $\vec{E}$ entre les deux plaques est supposé uniforme.

On donne :

- Masse molaire de l'hélium : $M = 4{,}0$ g.mol^{-1}
- Valeur de la charge élémentaire : $e = 1{,}6.10^{-19}$ C
- Tension accélératrice : $U_0 = 10$ kV
- Nombre d'avogadro : $\mathcal{N}_A = 6{,}02.10^{23}$ mol^{-1}
- Valeur du champ de pesanteur : $g = 9{,}8$ m.s^{-2}

1.6 Vitesse et accélération en coordonnées polaires

On considère un point M repéré par ses coordonnées polaires (r, θ).

1. Déterminer les coordonnées du vecteur vitesse $\vec{v}$ puis celles du vecteur accélération $\vec{a}$.

2. En déduire, pour ce point, les coordonnées de ces mêmes vecteurs dans la base mobile de Frenet.

1.7 Expérience de Millikan

On observe au microscope le mouvement de la chute d'une gouttelette de glycérine G entre les deux plaques horizontales, A et B, d'un condensateur plan (Fig.1.19).

L'atmosphère gazeuse, de viscosité η, exerce sur la gouttelette sphérique de rayon r une force de frottement donnée par la relation de Stokes

$$\vec{f} = -6\pi\eta r\vec{v}\ ;$$

$\vec{v}$ étant la vitesse de la gouttelette.

L'irradiation par les rayons X permet de charger électriquement la gouttelette.

On néglige la poussée d'Archimède.

On donne :

- $\eta = 1{,}8.10^{-5}$ S.I.
- $g = 9{,}8$ m.s^{-2}

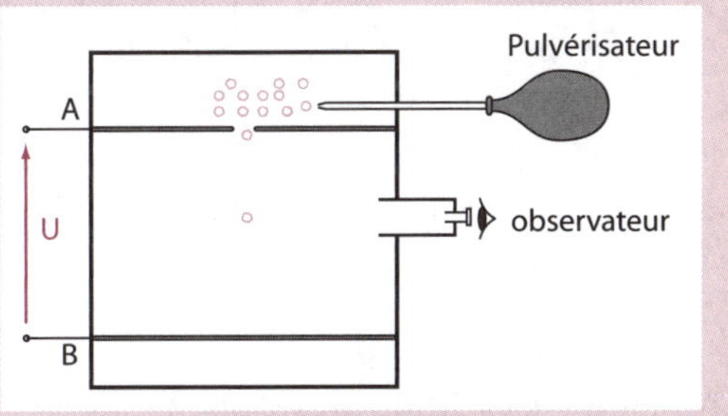

Figure 1.19

I. Le condensateur n'est pas chargé.

1. En appliquant le théorème du centre d'inertie à la gouttelette, établir l'équation différentielle en $\vec{v}$ régissant le mouvement de la gouttelette de masse m.

On posera $\tau = \dfrac{m}{6\pi\eta r}$.

2. On considère la vitesse initiale nulle. Après une durée très brève, la gouttelette tombe suivant un mouvement rectiligne uniforme de vitesse

$$v_0 = 392\ \mu\text{m.s}^{-1}.$$

a) Exprimer cette vitesse limite v_0 en fonction de g et τ.

b) Calculer τ et en déduire le rayon r de la gouttelette de glycérine de masse volumique $\rho = 810$ kg.m^{-3}.

c) La vitesse v varie selon la loi horaire :

$$v(t) = A.e^{-\frac{t}{\tau}} + B$$

Déterminer les constantes A et B et donner l'expression de $v(t)$.

d) Calculer la date t_1 à laquelle $v = 0{,}95v_0$.
Conclure.

II. Le condensateur est chargé et la tension entre ses bornes est U.

La gouttelette ayant atteint sa vitesse limite v_0, on établit une différence de potentiel $U = 8000$ V entre les deux armatures A et B du condensateur distantes de $d = 2{,}00$ cm. On constate que la gouttelette remonte et atteint une nouvelle vitesse limite v_{lim}.

1. Quel est le signe de la charge électrique q portée par la gouttelette ?

2. Exprimer la vitesse limite v_{lim} en fonction de $|q|$, U, d, r, η et v_0.

3. On constate que v_{lim} prend des valeurs discrètes :

$v_{\text{lim}\,1} = 80\ \mu\text{m.s}^{-1}$, $v_{\text{lim}\,2} = 175\ \mu\text{m.s}^{-1}$,
$v_{\text{lim}\,3} = 270\ \mu\text{m.s}^{-1}$, $v_{\text{lim}\,4} = 365\ \mu\text{m.s}^{-1}$,
$v_{\text{lim}\,5} = 460\ \mu\text{m.s}^{-1}$.

En déduire que la charge variable de la gouttelette est un multiple entier de la charge élémentaire e que l'on calculera.

1.8 Mouvements de chute

A) Chute verticale d'une particule

On lâche, sans vitesse initiale, une particule de masse m, d'une hauteur h.

I. *Chute libre sans vitesse initiale*

Dans cette partie, on négligera toute influence de l'air.

1. À partir d'un enregistrement des positions successives du centre d'inertie G, donner une méthode permettant d'obtenir la valeur de la vitesse v de ce point, à la date t.

2. À partir du théorème du centre d'inertie, établir l'expression de la valeur de la vitesse v en fonction du temps puis en déduire l'équation horaire $z(t)$. À quelle date t_1 la particule touche le sol ?

On donne $h = 5{,}0$ m , $m = 5{,}0$ g et $g = 10$ m. s^{-2}.

II. *Chute dans un liquide*

Dans cette partie, des particules solides de forme sphérique sont placées en suspension au voisinage de la surface d'un liquide où elles sont insolubles. Le liquide, de masse volumique ρ_0, de viscosité η est immobile.

On désigne par g l'accélération de la pesanteur, par ρ la masse volumique des particules ($\rho > \rho_0$) et par r leur rayon (variable d'une particule à l'autre).

Le liquide exerce sur les particules animées d'une vitesse $\vec{v}$ une force de frottement visqueux :

$$\vec{f} = -6\pi\eta r\,\vec{v}$$

(et bien entendu la poussée d'Archimède).

1. Écrire le théorème du centre d'inertie pour une particule animée de la vitesse $\vec{v}$.

- Montrer que, si les vitesses initiales sont nulles, alors les particules se déplacent parallèlement à la verticale du lieu.
- Montrer que l'équation différentielle régissant l'évolution de la vitesse v en fonction du temps est de la forme :

$$\frac{dv}{dt} + Av = B$$

2. Montrer qu'au cours du temps l'expression de la vitesse est de la forme :

$$v(t) = \lambda(1 - e^{-\frac{t}{\tau}})$$

Par analyse dimensionnelle, montrer que τ a la dimension d'un temps.

3. Montrer que v tend rapidement, pour chacune des particules, vers une valeur limite v_{lim}. Représenter graphiquement les variations de $v = f(t)$.

4. À partir de l'expression de v_{lim}, préciser dans quel ordre sédimentent des particules sphériques de rayons différents.

B) Mouvement d'un projectile

Dans cette partie la particule de masse m est envoyée avec un vecteur vitesse qui fait un angle θ avec l'horizontale (Fig.1.20). Les frottements sont négligeables.

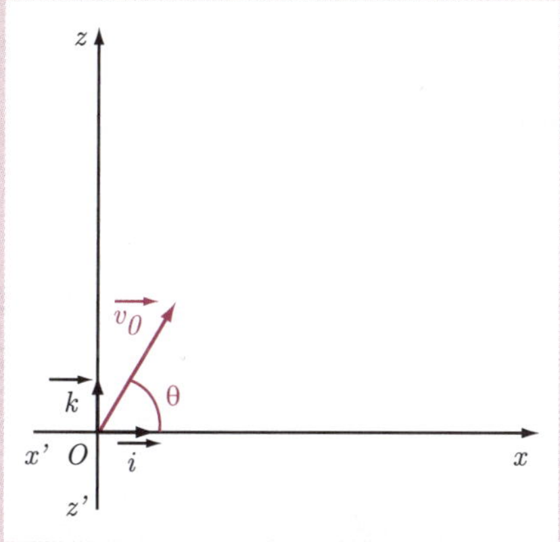

Figure 1.20

1. Donner les caractéristiques du vecteur accélération de la bille. Quelles sont ses coordonnées dans le repère $(O, \vec{i}, \vec{k})$.

2. Donner les coordonnées du vecteur vitesse et du vecteur position de la bille dans le repère $(O, \vec{i}, \vec{k})$.

3. Établir l'équation cartésienne de la trajectoire de la bille.

4. Donner l'expression de la portée d en fonction de v_0, θ et g.

Application numérique : Calculer la portée d si

$v_0 = 5\ \text{m.s}^{-1}$, $\theta = 60\,°$ et $g = 10\ \text{m.s}^{-2}$.

1.9 Lancé d'un poids

Lors d'une compétition sportive universitaire, un étudiant lance un poids (solide de masse m et de centre d'inertie G) d'un point $A(x_0, z_0)$ avec un vecteur vitesse $\overrightarrow{v_0}$ qui fait un angle α avec l'horizontale (Fig.1.21).

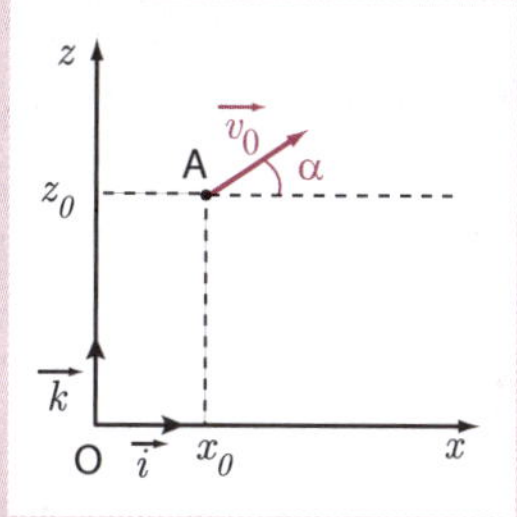

Figure 1.21

Dans ce problème, on négligera les forces de frottements avec l'air ainsi que la poussée d'Archimède.

1. Déterminer le vecteur accélération du centre d'inertie G du poids.

2. a) En déduire les coordonnées du vecteur vitesse $\vec{v}$ ainsi que celles du vecteur position $\overrightarrow{OG}$.

b) Montrer que le mouvement est plan.

c) Déterminer l'équation cartésienne de la trajectoire.

3. Exprimer la distance d à laquelle retombe le poids, en fonction de v_0, α, x_A, z_A et g.

Corrigés

QCM

1.1 Les affirmations correctes sont b. et e.

Comme $\overrightarrow{OM}$ a pour coordonnées

$$\begin{cases} x(t) = 5{,}0.t + 2{,}0 \\ y(t) = 0 \\ z(t) = -4{,}9.t^2 + 8{,}7.t + 3{,}0 \end{cases},$$

alors :

$$\vec{v} \begin{cases} \dot{x}(t) = 5{,}0 \\ \dot{y}(t) = 0 \\ \dot{z}(t) = -9{,}8.t + 8{,}7 \end{cases}$$

et par suite :

$$\vec{a} \begin{cases} \ddot{x}(t) = 0 \\ \ddot{y}(t) = 0 \\ \ddot{z}(t) = -9{,}8 \end{cases}$$

Ainsi :

$$v = \sqrt{\dot{x}^2(t) + \dot{y}^2(t) + \dot{z}^2(t)} \quad \text{et} \quad a = \sqrt{\ddot{x}^2(t) + \ddot{y}^2(t) + \ddot{z}^2(t)}$$

Application numérique : pour $t = 2{,}0$ s

$$v = \sqrt{5{,}0^2 + (-9{,}8 \times 2{,}0 + 8{,}7)^2} = 12{,}0 \text{ m.s}^{-1} \quad \text{et} \quad a = \sqrt{(-9{,}8)^2} = 9{,}8 \text{ m.s}^{-2}$$

1.2 Les affirmations correctes sont b. et d.

L'accélération est par définition $a = \dfrac{dv}{dt}$, soit

$$a_0 = \frac{\Delta v}{\Delta t}$$

Numériquement :

$$a_0 = \frac{6{,}0 - 3{,}6}{8{,}0} = 0{,}3 \text{ m.s}^{-2}$$

Pour un mouvement rectiligne uniformément varié, on a vu que :

$$\begin{cases} a = a_0 = cste \\ v = a_0 t + v_0 \\ x = \dfrac{1}{2} a_0 t^2 + v_0 t + x_0 \end{cases}$$

soit :

$$v^2 - v_0^2 = 2a_0(x - x_0) \quad \text{avec} \quad d = (x - x_0) \text{ : distance parcourue par le mobile}$$

Ainsi :

$$d = \frac{v^2 - v_0^2}{2a_0}$$

Numériquement :

$$d = \frac{(6,0)^2 - (3,6)^2}{2 \times 0,3} = 38,4 \text{ m}$$

1.3 **Les affirmations correctes sont b. et c.**

La vitesse de rotation est de 2 700 tours/min, soit $\omega = \dfrac{2\,700 \times 2\pi}{60} \simeq 282,7 \text{ rad.s}^{-1}$.

Comme $\omega = 2\pi f = \dfrac{2\pi}{T}$, alors $f = \dfrac{\omega}{2\pi}$.

Soit numériquement $f = \dfrac{282,7}{2\pi} = 45$ Hz.

L'accélération normale est $a_n = \dfrac{v^2}{R} = \omega^2 R$.

Numériquement $a_n = (282,7)^2 \times (5.10^{-3}) \simeq 400 \text{ m. s}^{-2}$.

Exercices

1.4

1. Énoncé du principe d'inertie :

Dans un référentiel galiléen, le centre d'inertie G d'un solide pseudo-isolé est tel que :

- si le solide est au repos, G reste au repos,
- si le solide est en mouvement, G a un mouvement rectiligne uniforme.

$$\sum \overrightarrow{f_{ext}} = \overrightarrow{0} \implies \begin{cases} \text{système isolé} \\ \text{ou} \\ \text{pseudo-isolé} \end{cases}$$

$$\implies \left\{ \overrightarrow{v_G} = \overrightarrow{cste} \right.$$

2. Le système étudié, ici, est une bille de masse m est de centre d'inertie G

Intensité de $\overrightarrow{P}$: $P = mg = \rho_0 V g$

Intensité de $\overrightarrow{F_A}$: $F_A = m_{fluide} \times g = \rho V g$ (l'intensité correspond au poids du fluide déplacé)

Comme $V = \dfrac{4}{3}\pi r^3$, alors :

$$P = \frac{4}{3}\pi \rho_0 g r^3$$

$$F_A = \frac{4}{3}\pi \rho g r^3$$

Numériquement :

$$P = \frac{4}{3} \times 3,14 \times 1500 \times 9,8 \times (1,0.10^{-2})^3 \simeq 6,2.10^{-2} \text{ N}$$

$$F_A = \frac{4}{3} \times 3,14 \times 950 \times 9,8 \times (1,0.10^{-2})^3 \simeq 3,9.10^{-2} \text{ N}$$

3. Le mouvement d'une bille étant rectiligne uniforme, d'après le principe d'inertie, le sytème étudié est donc un système pseudo-isolé (soumis à des forces qui se compensent).

Les forces $\overrightarrow{P}$ et $\overrightarrow{F_A}$ ne se compensent pas : il existe donc une troisième force, $\overrightarrow{f}$ (résultante des forces de frottement) telle que :

$$\overrightarrow{P} + \overrightarrow{F_A} + \overrightarrow{f} = \overrightarrow{0}$$

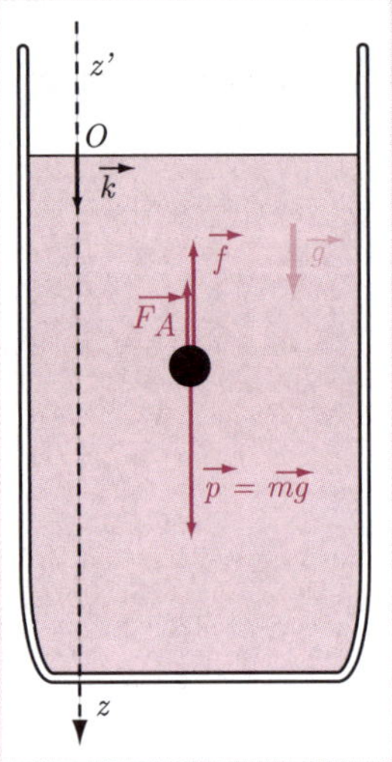

Figure 1.22

Après projection selon un axe vertical, on en déduit :

$$P - F_A - f = 0, \quad \text{soit } f = P - F_A$$

Numériquement :

$$f = 6{,}2.10^{-2} - 3{,}9.10^{-2} = 2{,}1.10^{-2}\ \text{N}.$$

4. Comme $f = kv$ alors $v = \dfrac{f}{k}$, soit numériquement :

$$v = \frac{2{,}1.10^{-2}}{1{,}0} = 2{,}1.10^{-2}\ \text{m.s}^{-1}.$$

Le mouvement étant rectiligne uniforme, donc la distance parcourue est telle que :

$$l = v \times \Delta t,$$

où Δt représente la durée de chute.

Application numérique :

$$\Delta t = \frac{33.10^{-2}}{2{,}1.10^{-2}} \simeq 16\ \text{s}.$$

1.5

1. Le champ électrique $\overrightarrow{E}$ est uniforme et dirigé de A vers C (Fig.1.23).

La force électrique qui agit sur le noyau de charge $q = +2e$ est $\overrightarrow{F} = q\overrightarrow{E} = +2e\overrightarrow{E}$. La force $\overrightarrow{F}$ est donc dirigée de A vers C.

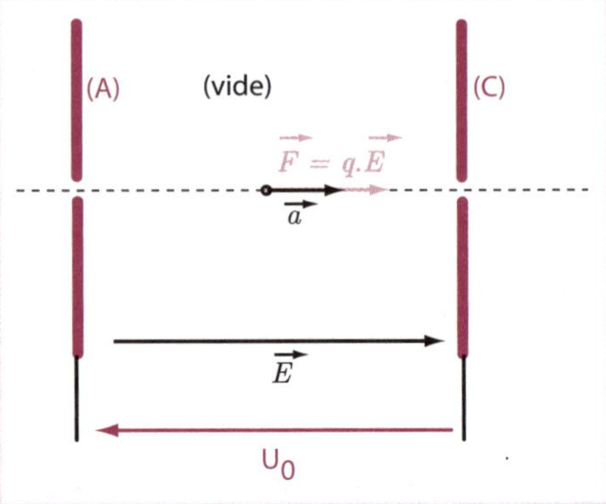

Figure 1.23

Appliquons le théorème du centre d'inertie à une particule de masse m et de charge $q = 2e$:

Évaluons les valeurs de $\overrightarrow{F}$ et $\overrightarrow{P}$:

– Le poids P

$P = mg$ avec $m = \dfrac{M}{\mathcal{N}_A}$, soit numériquement :

$$p = \frac{4{,}0.10^{-3}}{6{,}02.10^{23}} \times 9{,}8 \simeq 6{,}5.10^{-26}\ \text{N}$$

– La force électrique

$F = 2e.E = 2e.\dfrac{U_0}{d}$, soit numériquement :

$$F = 2 \times 1{,}6.10^{-19} \times \frac{10.10^{3}}{3.10^{-2}} \simeq 1{,}1.10^{-13}\ \text{N}$$

On constate que le poids est négligeable devant la force électrique.

Appliquons le théorème du centre d'inertie à une particule de masse m et de charge $q = 2e$:

$$m\overrightarrow{a} = \overrightarrow{F} = 2e\overrightarrow{E}$$

(on rappelle que le poids est négligeable devant $\overrightarrow{F}$).

ainsi :

$$\overrightarrow{a} = \frac{2e}{m}\overrightarrow{E}$$

$\overrightarrow{a}$ et $\overrightarrow{E}$ sont donc colinéaires et de même sens : le vecteur $\overrightarrow{a}$ est donc dirigé de A vers C.

Le vecteur accélération est un vecteur constant et comme $\overrightarrow{v}$ est une primitive de $\overrightarrow{a}$, alors $\overrightarrow{v} = \dfrac{2e}{m}\overrightarrow{E}t$ car $\overrightarrow{v_0} = \overrightarrow{0}$.

Comme $\overrightarrow{E} = E\overrightarrow{i}$ alors $\overrightarrow{v} = \dfrac{2e}{m}Et\overrightarrow{i}$.

Une projection selon l'axe $O'x$ donne $v_x = \dfrac{dx}{dt} = \dfrac{2e}{m}Et$, soit après intégration $x = \dfrac{e}{m}Et^2$.

Le mouvement est donc un mouvement rectiligne uniformément accéléré.
Le temps mis pour parcourir la distance d est tel que

$$d = \frac{e}{m}Et^2,$$

soit

$$t = \sqrt{\frac{md}{eE}} = \sqrt{\frac{Md^2}{e\mathcal{N}_A U_0}} \quad \text{car} \quad E = \frac{U_0}{d} \quad \text{et} \quad m = \frac{M}{\mathcal{N}_A}$$

Application numérique :

$$t = \sqrt{\frac{4{,}0.10^{-3} \times (3.10^{-2})^2}{1{,}6.10^{-19} \times 6{,}02.10^{23} \times 10.10^3}} \simeq 6{,}1.10^{-8}\ \text{s}$$

soit 61 ns.

1.6

1. Le point M est repéré par ses coordonnées polaires $(r,\ \theta)$, donc $\overrightarrow{r} = \overrightarrow{OM} = r\overrightarrow{u_r}$ (Fig.1.24).

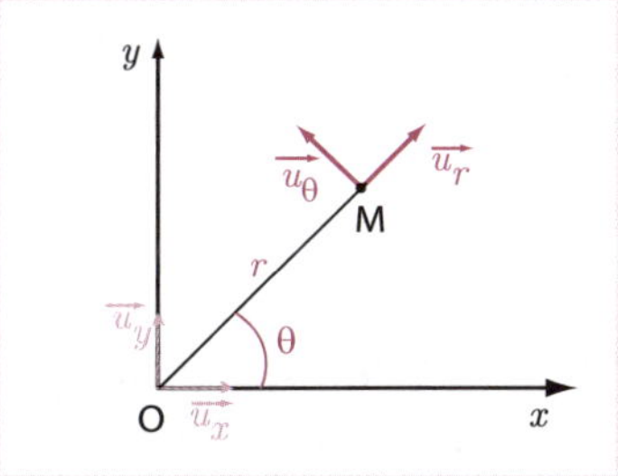

Figure 1.24

Le vecteur vitesse s'écrit :

$$\overrightarrow{v} = \frac{d}{dt}\left(r\overrightarrow{u_r}\right) = \frac{dr}{dt}\overrightarrow{u_r} + r\frac{d\overrightarrow{u_r}}{dt} = \dot{r}\overrightarrow{u_r} + r\dot{\theta}\overrightarrow{u_\theta}$$

avec $\dfrac{d\overrightarrow{u_r}}{dt} = \dot{\theta}\overrightarrow{u_\theta}$.

Les composantes de $\overrightarrow{v}$ sont donc : $\begin{cases} \dot{r} \\ r\dot{\theta} \end{cases}$

Le vecteur accélération est égal à la dérivée du vecteur vitesse par rapport au temps, soit :

$$\overrightarrow{a} = \frac{d\overrightarrow{v}}{dt} = \frac{d}{dt}\left(\dot{r}\overrightarrow{u_r} + r\dot{\theta}\overrightarrow{u_\theta}\right)$$

Ainsi :

$$\overrightarrow{a} = \frac{d}{dt}(\dot{r}).\overrightarrow{u_r} + \dot{r}.\frac{d}{dt}(\overrightarrow{u_r}) + \frac{d}{dt}(r).\dot{\theta}\overrightarrow{u_\theta} + r.\frac{d}{dt}(\dot{\theta}).\overrightarrow{u_\theta} + r\dot{\theta}.\frac{d}{dt}(\overrightarrow{u_\theta})$$

Comme $\dfrac{d\overrightarrow{u_r}}{dt} = \dot{\theta}\overrightarrow{u_\theta}$ et $\dfrac{d\overrightarrow{u_\theta}}{dt} = -\dot{\theta}\overrightarrow{u_r}$, alors :

$$\overrightarrow{a} = \ddot{r}\overrightarrow{u_r} + \dot{r}\dot{\theta}\overrightarrow{u_\theta} + \dot{r}\dot{\theta}\overrightarrow{u_\theta} + r\ddot{\theta}\overrightarrow{u_\theta} - r\dot{\theta}^2\overrightarrow{u_r}$$

soit,

$$\overrightarrow{a} = (\ddot{r} - r\dot{\theta}^2)\overrightarrow{u_r} + (r\ddot{\theta} + 2\dot{r}\dot{\theta})\overrightarrow{u_\theta}$$

Pour un mouvement circulaire $r = cste$ et par suite

$$\dot{r} = \ddot{r} = 0.$$

D'où :

$$\overrightarrow{a} = -r\dot{\theta}^2\overrightarrow{u_r} + r\ddot{\theta}\overrightarrow{u_\theta} = -r\dot{\theta}^2\overrightarrow{u_r} + r\frac{d}{dt}(\dot{\theta}).\overrightarrow{u_\theta}$$

Comme $v = r\dot{\theta}$, alors

$$r\dot{\theta}^2 = \frac{v^2}{r} \quad \text{et} \quad r\frac{d}{dt}(\dot{\theta}) = \frac{dv}{dt}$$

(car $r = cste$).
Conclusion :

$$\overrightarrow{a} = -r\dot{\theta}^2\overrightarrow{u_r} + r\ddot{\theta}\overrightarrow{u_\theta} = -\frac{v^2}{r}\overrightarrow{u_r} + \frac{dv}{dt}\overrightarrow{u_\theta}$$

(pour un mouvement circulaire de rayon r)

2. Dans le repère de Frenet (cas d'une trajectoire plane) (Fig.1.25).
$(\overrightarrow{\tau}, \overrightarrow{n})$ est un repère mobile lié au mobile M tel que :

- $\overrightarrow{\tau}$: vecteur unitaire porté par la tangente à la courbe et orienté dans le sens du mouvement ;
- $\overrightarrow{n}$: vecteur unitaire orthogonal à $\overrightarrow{\tau}$ et dirigé vers la concavité de la trajectoire.

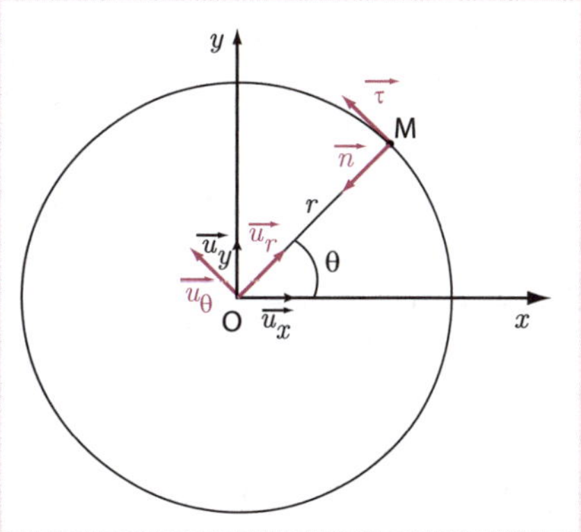

Figure 1.25

Ainsi $\overrightarrow{\tau} = \overrightarrow{u_\theta}$ et $\overrightarrow{n} = -\overrightarrow{u_r}$

Par suite, dans le repère de Frenet, les coordonnées de $\overrightarrow{a}$ sont :

$$\overrightarrow{a} = a_\tau \overrightarrow{\tau} + a_n \overrightarrow{n} \quad \text{avec} \quad \begin{cases} a_\tau = \dfrac{dv}{dt} \\ a_n = \dfrac{v^2}{R} \end{cases}$$

1.7

1. La gouttelette est soumise, en plus de son poids $\overrightarrow{P}$, à la force de frottement $\overrightarrow{f}$.

La 2e loi de Newton appliquée à la gouttelette de masse m permet d'écrire :

$$m\overrightarrow{a} = \overrightarrow{P} + \overrightarrow{f}$$

En remplaçant $\overrightarrow{a}$, $\overrightarrow{P}$ et $\overrightarrow{f}$ par leurs expressions, l'équation précédente devient :

$$m\frac{d\overrightarrow{v}}{dt} = m\overrightarrow{g} - 6\pi\eta r\overrightarrow{v}$$

Après projection des deux membres de l'équation selon un axe Oz, axe vertical orienté vers le bas, on obtient :

$$m\frac{dv}{dt} = mg - 6\pi\eta r v$$

Soit :

$$\frac{dv}{dt} + \frac{6\pi\eta r}{m}v = g$$

En posant $\tau = \dfrac{m}{6\pi\eta r}$, l'équation précédente devient :

$$\frac{dv}{dt} + \frac{1}{\tau}v = g$$

2. a) Le mouvement de la gouttelette est un mouvement rectiligne uniforme (le régime permanent est atteint), donc

$$v = v_0 = cste \quad \text{et} \quad \frac{dv}{dt} = 0.$$

De l'équation différentielle, on en déduit :

$$\frac{1}{\tau}v_0 = g,$$

soit : $v_0 = g\tau$

b) La relation précédente donne $\tau = \dfrac{v_0}{g}$.

Soit numériquement $\tau = \dfrac{392.10^{-6}}{9,8} = 4,0.10^{-5}$ s.

Déterminons à présent le rayon r de la gouttelette.

La gouttelette est supposée sphérique, donc $V = \dfrac{4}{3}\pi r^3$.

Comme $m = \rho V$, alors $m = \dfrac{4}{3}\pi\rho r^3$.

De plus $\tau = \dfrac{m}{6\pi\eta r}$, soit $\tau = \dfrac{\frac{4}{3}\pi\rho r^3}{6\pi\eta r} = \dfrac{2}{9}\dfrac{\rho r^2}{\eta}$.

Ainsi

$$r = \sqrt{\frac{9\eta\tau}{2\rho}}$$

Application numérique :

$$r = \sqrt{\frac{9 \times 1,8.10^{-5} \times 4,0.10^{-5}}{2 \times 810}} = 2,0.10^{-6}\ \text{m},$$

soit $2,0\ \mu$m.

c) Appliquons les conditions initiales à la solution

$$v(t) = A.e^{-\frac{t}{\tau}} + B$$

Comme $v(0) = 0$, alors $A = -B$, soit

$$v(t) = -Be^{-\frac{t}{\tau}} + B$$

La constante B correspond à la vitesse limite, soit v_0.

Ainsi :

$$v(t) = -v_0e^{-\frac{t}{\tau}} + v_0 = v_0(1 - e^{-\frac{t}{\tau}})$$

d) Déterminons la date t_1 à la laquelle $v = 0,95v_0$.

Pour $v = 0,95v_0$, on obtient l'équation :

$$0,95v_0 = v_0(1 - e^{-\frac{t_1}{\tau}})$$

Soit :

$$0,95 = 1 - e^{-\frac{t_1}{\tau}} \quad \text{ou encore} \quad e^{-\frac{t}{\tau}} = 0,05$$

En prenant les logarithmes népériens, on obtient :

$$-\frac{t_1}{\tau} = \ln 0,05,$$

soit $t_1 = \tau \ln 20 \simeq 3\tau$.

La vitesse limite est atteinte (à 95%) au bout d'une durée d'environ 3τ.

II. Le condensateur est chargé : entre les deux plaques règne un champ uniforme de valeur $E = \frac{U}{d}$ dirigé de A vers B.

1. Les particules chargées seront donc soumises, en plus des forces $\overrightarrow{P}$ et $\overrightarrow{f}$, à la force électrique $\overrightarrow{F} = q\overrightarrow{E}$.

Comme la gouttelette remonte alors $\overrightarrow{F}$ est dirigée de B vers A (sens inverse de $\overrightarrow{E}$). La charge q de la gouttelette est donc négative.

2. La 2e loi de Newton appliquée à la gouttelette de masse m permet d'écrire :

$$m\vec{a} = \vec{P} + \vec{f} + \vec{F}$$

En remplaçant $\vec{a}$, $\vec{P}$ et $\vec{f}$ par leur expressions, l'équation précédente devient :

$$m\frac{d\vec{v}}{dt} = m\vec{g} - 6\pi\eta r\vec{v} + q\vec{E}$$

Après projection des deux membres de l'équation selon un axe Oz, axe vertical orienté vers le haut, on obtient :

$$m\frac{dv}{dt} = -mg - 6\pi\eta r v + |q|\,E$$

La vitesse limite est atteinte pour $\frac{dv}{dt} = 0$, soit :

$$-mg - 6\pi\eta r v_{\lim} + |q|\,E = 0$$

D'où

$$v_{\lim} = \frac{|q|\,E - mg}{6\pi\eta r}$$

Comme $\tau = \frac{m}{6\pi\eta r}$, $v_0 = g\tau$ et $E = \frac{U}{d}$, alors :

$$v_{\lim} = \frac{|q|\,.\frac{U}{d} - 6\pi\eta r v_0}{6\pi\eta r}$$

3. De la relation précédente, on déduit :

$$|q| = \frac{6\pi\eta r(v_{\lim} + v_0)}{U}.d$$

Pour les différentes valeurs de $v_{\lim}$, on obtient le tableau suivant :

$v_{\lim}$ (en μ m.s^{-1})	80	175	270	365	460
$\lvert q\rvert$ (en C)	$8{,}00.10^{-19}$	$9{,}60.10^{-19}$	$1{,}12.10^{-18}$	$1{,}28.10^{-19}$	$1{,}44.10^{-19}$
$\frac{\lvert q\rvert}{e}$ (sans unité)	5	6	7	8	9

La charge de la gouttelette est donc un nombre entier de la charge élémentaire, soit :

$$q = Ze\,;$$

la charge de tout système est quantifiée.

1.8

A) Chute verticale d'une particule

I. 1. On repère les abscisses des positions successives du centre d'inertie G de la particule par rapport à un axe vertical. La valeur de la vitesse à l'instant t_i est :

$$v_i = \frac{z_{i+1} - z_{i-1}}{2\tau}\,;$$

τ : durée séparant deux positions successives

2. Étude du système.

• Système étudié : {particule de masse m, supposée ponctuelle, et de centre d'inertie G}.

• Référentiel d'étude : référentiel terrestre supposé galiléen.

La particule étant en chute libre, elle n'est donc soumise qu'à son poids $\vec{P}$ (Fig.1.26).

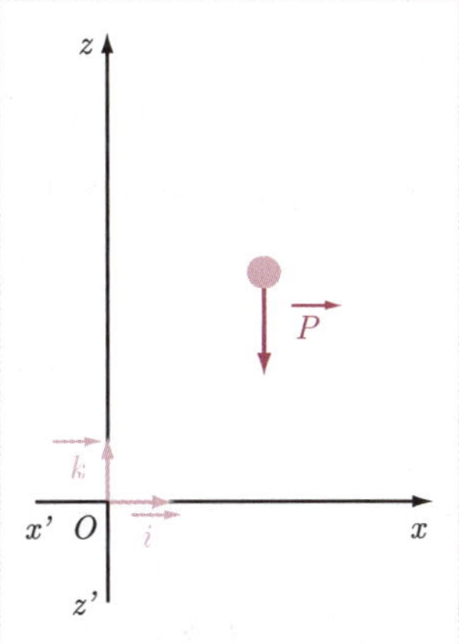

Figure 1.26

La 2e loi de Newton appliquée à la particule de masse m permet d'écrire :

$$m\vec{a} = \vec{P} = m\vec{g}$$

Soit,

$$\vec{a} = \vec{g} = \overrightarrow{cste}$$

Le vecteur accélération de la particule est donc un vecteur constant.

• Choix du repère de projection : on choisit un axe oz vertical dirigé vers le haut.

Dans ce repère $\vec{g}$ a pour coordonnées $\begin{cases} 0 \\ -g \end{cases}$

Les coordonnées du vecteur accélération sont donc :

$$\vec{a}\begin{cases} 0 \\ -g \end{cases}$$

Le vecteur vitesse étant une primitive du vecteur accélération, donc :

$$\vec{v}\begin{cases} k_1 \\ -gt+k_2 \end{cases}$$

Comme à $t=0$,

$$\vec{v_0}\begin{cases} 0 \\ 0 \end{cases} \quad \text{alors} \quad \begin{cases} k_1 = 0 \\ \text{et} \\ k_2 = 0 \end{cases}.$$

Par suite :

$$\vec{v}\begin{cases} 0 \\ -gt \end{cases}$$

Le vecteur position étant une primitive du vecteur vitesse, on a donc :

$$\overrightarrow{OM}\begin{cases} 0 \\ -\frac{1}{2}gt^2+h \end{cases} \quad \text{car à} \quad t=0\ \overrightarrow{OM_0}\begin{cases} 0 \\ h \end{cases}$$

La particule touchera le sol lorsque $z=0$, soit :

$$-\frac{1}{2}gt_1^2+h=0$$

Ainsi $t_1=\sqrt{\dfrac{2h}{g}}$.

Numériquement :

$$t_1=\sqrt{\frac{2\times 5}{10}}=1{,}0\ \text{s}.$$

II. 1. La particule est dans ce cas soumise, en plus de son poids $\vec{P}$, à la poussée d'Archimède $\vec{F_A}$ et à la force de frottement $\vec{f}$ (Fig.1.27).

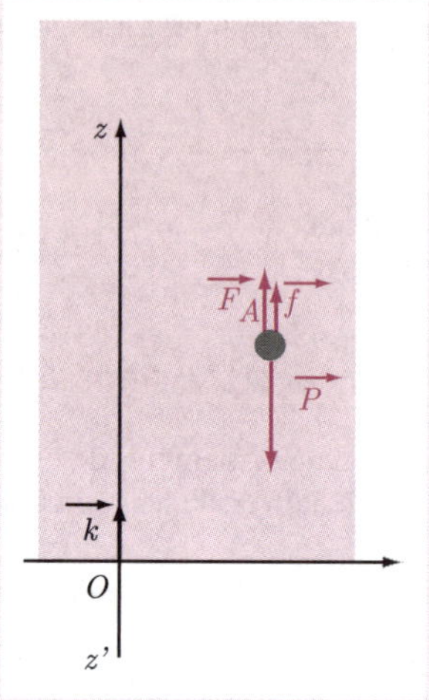

Figure 1.27

La 2e loi de Newton appliquée à la particule de masse m permet d'écrire :

$$m\vec{a}=\vec{P}+\vec{F_A}+\vec{f}$$

Les conditions initiales sont :

$$\vec{v_0}\begin{cases} 0 \\ 0 \end{cases} \quad \text{et} \quad \overrightarrow{OM_0}\begin{cases} 0 \\ h \end{cases}.$$

Les vitesses initiales étant nulles, et comme toutes les forces appliquées aux particules sont colinéaires (et verticales), les trajectoires des particules sont donc des droites parallèles verticales.

En remplaçant $\vec{a}$, $\vec{P}$, $\vec{F_A}$ et $\vec{f}$ par leur expressions, l'équation précédente devient :

$$m\frac{d\vec{v}}{dt}=m\vec{g}-m_{f.d}\vec{g}-6\pi\eta r\vec{v}$$

Après projection des deux membres de l'équation selon l'axe Oz, on obtient :

$$m\frac{dv}{dt}=mg-m_{\text{f.d}}g-6\pi\eta rv$$

Soit

$$\frac{dv}{dt}+\frac{6\pi\eta r}{m}v=\frac{m-m_{f.d}}{m}g$$

Les particules de rayons r étant de formes sphériques, on a donc :

$$m=\frac{4}{3}\pi r^3\rho \quad \text{et} \quad m_{f.d}=\frac{4}{3}\pi r^3\rho_0$$

Par suite, l'équation différentielle devient :

$$\frac{dv}{dt} + \frac{6\pi\eta r}{\frac{4}{3}\pi r^3\rho}v = \frac{\frac{4}{3}\pi r^3\rho - \frac{4}{3}\pi r^3\rho_0}{\frac{4}{3}\pi r^3\rho}g$$

Ou encore

$$\frac{dv}{dt} + \frac{9\eta}{2r^2\rho}v = \frac{\rho - \rho_0}{\rho}g$$

Donc de la forme : $\frac{dv}{dt} + Av = B$ (équation (1)) avec :

$$A = \frac{9\eta}{2r^2\rho} \quad \text{et} \quad B = \frac{\rho - \rho_0}{\rho}g$$

2. L'équation (1) est une équation différentielle linéaire du premier ordre, avec second membre. Les solutions sont de la forme :

$$v(t) = C_1 e^{-At} + C_2$$

Comme à $t = 0$, $v_0 = 0$, alors $C_1 + C_2 = 0$, soit $C_1 = -C_2$.
Pour $t \longrightarrow \infty$,

$$v \longrightarrow v_{\text{lim}} = \frac{B}{A} = \frac{2r^2(\rho - \rho_0)}{9\eta}g,$$

d'où $C_2 = v_{\text{lim}} = \frac{2r^2(\rho - \rho_0)}{9\eta}g$.

En posant $\tau = \frac{1}{A}$, il vient :

$$v(t) = \lambda(1 - e^{-\frac{t}{\tau}}) \quad \text{avec} \quad \left| \begin{array}{l} \lambda = \frac{B}{A} = v_{\text{lim}} = \frac{2r^2(\rho - \rho_0)}{9\eta}g \\ \text{et} \\ \tau = \frac{1}{A} = \frac{2r^2\rho}{9\eta} \end{array} \right.$$

Montrons que τ a la dimension d'un temps.

On a $\tau = \frac{2}{9}\frac{r^2\rho}{\eta}$, donc

$$[\tau] = \frac{[r]^2.[\rho]}{[\eta]}.$$

Déterminons la dimension de η.
De $f = 6\pi\eta r v$, il vient :

$$[\eta] = \frac{[f]}{[r].[v]}$$

De $f = ma$, on déduit $[f] = M.L.T^{-2}$. Ainsi,

$$[\eta] = \frac{M.L.T^{-2}}{L.L.T^{-1}} = M.L^{-1}.T^{-1}$$

Comme $[r]^2 = L^2$; $[\rho] = M.L^{-3}$, alors :

$$[\tau] = \frac{L^2.M.L^{-3}}{M.L^{-1}.T^{-1}} = T$$

τ s'exprime donc en secondes et a la dimension d'un temps.

3. On a montré que :

$$v(t) = \lambda(1 - e^{-\frac{t}{\tau}}) \quad \text{avec} \quad \left| \begin{array}{l} \lambda = v_{\text{lim}} = \frac{2r^2(\rho - \rho_0)}{9\eta}g \\ \text{et} \\ \tau = \frac{2r^2\rho}{9\eta} \end{array} \right.$$

Lorsque t augmente $e^{-\frac{t}{\tau}}$ tend rapidement vers zéro de sorte que $v(t) \longrightarrow v_{\text{lim}}$.

L'évolution de v en fonction de t est donnée ci-dessous (Fig.1.28).

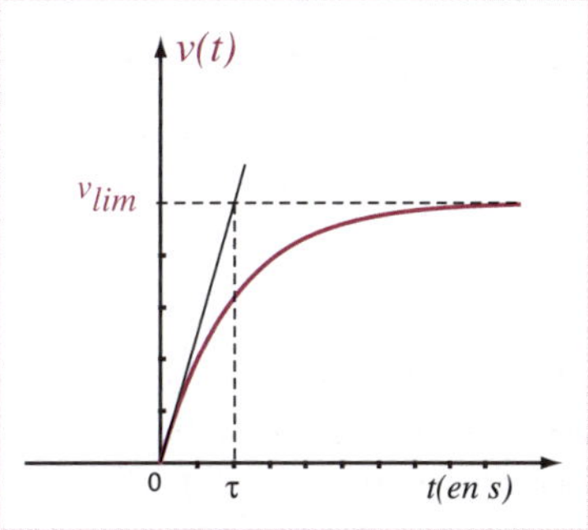

Figure 1.28

4. La vitesse v_{lim} est proportionnelle à r^2 : les particules les plus grosses sédimentent donc les premières.

B) Mouvement d'un projectile

1. La 2e loi de Newton appliquée à la particule donne :

$$m\vec{a} = m\vec{g}, \text{ soit } \vec{a} = \vec{g}$$

Dans le repère $(O, \vec{i}, \vec{k})$, le vecteur $\vec{g}$ a pour coordonnées

$$\begin{cases} 0 \\ -g \end{cases}.$$

Les coordonnées du vecteur accélération dans ce repère sont donc $\begin{cases} 0 \\ -g \end{cases}$.

2. Les conditions initiales sont :

$$\overrightarrow{v_0}\begin{cases} v_0\cos\theta \\ v_0\sin\theta \end{cases} \quad \text{et} \quad \overrightarrow{OM_0}\begin{cases} 0 \\ 0 \end{cases}$$

Le vecteur vitesse $\overrightarrow{v}$ est une primitive du vecteur accélération, donc

$$\overrightarrow{v}\begin{cases} \dot{x} = v_0\cos\theta \\ \dot{z} = -gt + v_0\sin\theta \end{cases}$$

(en tenant compte des conditions initiales)

Comme $\overrightarrow{v} = \dfrac{d\overrightarrow{OM}}{dt}$, alors

$$\overrightarrow{OM}\begin{cases} x = (v_0\cos\theta).t & (2) \\ z = -\dfrac{1}{2}gt^2 + (v_0\sin\theta).t & (3) \end{cases}$$

(en tenant compte des conditions initiales)

3. De l'équation (2), on tire $t = \dfrac{x}{v_0\cos\theta}$.

En remplaçant t par sa valeur dans l'équation (3), il vient :

$$z = -\frac{1}{2}\frac{g}{v_0^2\cos^2\theta}x^2 + \tan\theta.x$$

Le mouvement est donc un mouvement parabolique.

4. Lorsque $z_{\max}$ est atteint, on a $\dot{z} = 0$ (le vecteur vitesse n'a pas de composante horizontale) (Fig.1.29).

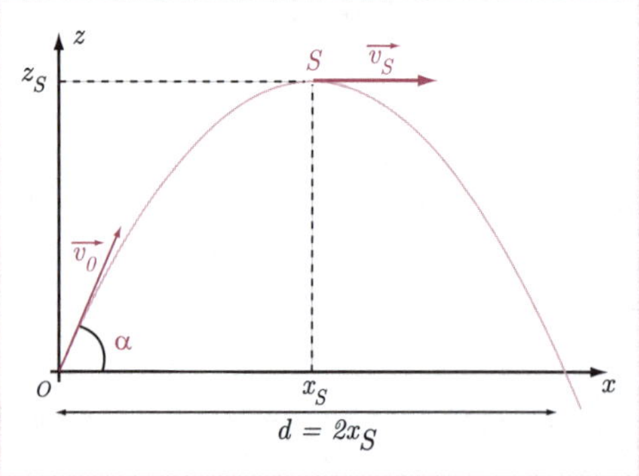

Figure 1.29

Soit :

$$-gt_S + v_0\sin\theta = 0$$

Et donc

$$t_S = \frac{v_0\sin\theta}{g}.$$

l'abscisse x_S du point S est donc :

$$x_S = (v_0\cos\theta).\frac{v_0\sin\theta}{g} = \frac{v_0^2\cos\theta.\sin\theta}{g} = \frac{v_0^2.\sin 2\theta}{2g}$$

Comme $d = 2x_S$, alors

$$d = \frac{v_0^2.\sin 2\theta}{g}$$

Numériquement :

$$d = \frac{(5)^2 \times \sin(120)}{10} = \frac{5\sqrt{3}}{4} \simeq 2{,}17 \text{ m}$$

1.9

1. Vecteur accélération du centre d'inertie du poids (la boule).

- Système étudié : boule de masse m et de centre d'inertie G.
- Bilan des forces : le système est soumis à une seule force, son poids $\overrightarrow{P}$.
- Référentiel d'étude : terrestre que l'on supposera galiléen.
- D'après le théorème du centre d'inertie (2e loi de Newton) :

$$m\overrightarrow{a} = \sum \overrightarrow{f}_{ext} = \overrightarrow{P} = m\overrightarrow{g}$$

d'où

$$\overrightarrow{a} = \overrightarrow{g}$$

2. a) On a $\overrightarrow{a} = \overrightarrow{g}$ donc $\overrightarrow{a}\begin{cases} \ddot{x} = 0 \\ \ddot{y} = 0 \\ \ddot{z} = -g \end{cases}$

Comme $\overrightarrow{v}$ est une primitive de $\overrightarrow{a}$ alors $\overrightarrow{v}\begin{cases} \dot{x} = k_1 \\ \dot{y} = k_2 \\ \dot{z} = -gt + k_3 \end{cases}$

or $\overrightarrow{v}(t=0)\begin{cases} v_0\cos\alpha \\ 0 \\ v_0\sin\alpha \end{cases}$ donc $\overrightarrow{v}\begin{cases} \dot{x} = v_0\cos\alpha \\ \dot{y} = 0 \\ \dot{z} = -gt + v_0\sin\alpha \end{cases}$

Le vecteur position $\overrightarrow{OG}$ étant une primitive de $\overrightarrow{v}$, donc :

$$\overrightarrow{OG}\begin{cases} x = (v_0\cos\alpha)t + k_4 \\ y = k_5 \\ z = -\dfrac{1}{2}gt^2 + (v_0\sin\alpha)t + k_6 \end{cases}$$

Comme $\overrightarrow{OG}(t=0) = \overrightarrow{OA}\begin{cases} x_0 \\ 0 \\ z_0 \end{cases}$

alors

$$\overrightarrow{OG}\begin{cases} x = (v_0 \cos\alpha)t + x_0 & (1) \\ y = 0 \\ z = -\dfrac{1}{2}gt^2 + (v_0 \sin\alpha)t + z_0 & (2) \end{cases}$$

b) On a constamment $y = 0$, la trajectoire est donc plane et située dans le plan (xOz) correspondant au plan de tir.

c) Équation cartésienne de la trajectoire.

L'équation (1) donne :

$$t = \frac{x - x_0}{v_0 \cos\alpha}$$

En remplaçant t par son expression dans l'équation (2), il vient :

$$z = -\frac{1}{2}g\left(\frac{x - x_0}{v_0\cos\alpha}\right)^2 + (v_0 \sin\alpha).\left(\frac{x - x_0}{v_0\cos\alpha}\right) + z_0$$

soit,

$$z = -\frac{1}{2}\frac{g}{v_0^2\cos^2\alpha}(x - x_0)^2 + \tan\alpha.(x - x_0) + z_0$$

C'est l'équation d'une parabole. La trajectoire est donc parabolique.

4. Au niveau du sol et au point d'impact P, on a $z_P = 0$ soit :

$$-\frac{1}{2}gt^2 + (v_0 \sin\alpha)t + z_0 = 0$$

L'équation précédente est une équation du second degré dont la variable est t.

Le discrimant Δ de cette équation est :

$$\Delta = v_0^2 \sin^2\alpha + 2gz_0$$

Δ étant strictement positif, l'équation admet donc deux solutions distinctes :

$$\begin{cases} t_1 = \dfrac{-v_0\sin\alpha - \sqrt{\Delta}}{-g} = \dfrac{v_0\sin\alpha + \sqrt{\Delta}}{g}, \text{ solution positive} \\ t_2 = \dfrac{-v_0\sin\alpha + \sqrt{\Delta}}{-g} = \dfrac{v_0\sin\alpha - \sqrt{\Delta}}{g}, \text{ solution négative} \end{cases}$$

car $\sqrt{\Delta} > v_0 \sin\alpha$.

La solution cherchée est donc

$$t_P = \frac{v_0\sin\alpha + \sqrt{\Delta}}{g}$$

Remplaçons t_P par son expression dans l'équation (1)

$$\begin{aligned} d = x_P &= (v_0\cos\alpha) \times \frac{v_0\sin\alpha + \sqrt{v_0^2\sin^2\alpha + 2gz_0}}{g} + x_0 \\ &= (v_0\cos\alpha) \times \frac{v_0\sin\alpha + v_0\sin\alpha\sqrt{1 + \frac{2gz_0}{v_0^2\sin^2\alpha}}}{g} + x_0 \\ &= v_0^2\cos\alpha\sin\alpha\frac{1 + \sqrt{1 + \frac{2gz_0}{v_0^2\sin^2\alpha}}}{g} + x_0 \end{aligned}$$

Finalement :

$$d = \frac{v_0^2\cos\alpha\sin\alpha}{g}\left(1 + \sqrt{1 + \frac{2gz_0}{v_0^2\sin^2\alpha}}\right) + x_0$$

2 Travail, puissance et énergie

1. Travail et puissance d'une force

Une force constante garde au cours du temps une direction, un sens et une intensité invariables.

Le travail est une grandeur algébrique.

Comment calculer le travail d'une force ?

Cas d'une force $\overrightarrow{F}$ constante

• Définition

Lors d'un déplacement de son centre d'inertie d'un point A à un point B, le travail d'une force constante $\overrightarrow{F}$ agissant sur un solide animé d'un mouvement rectiligne par rapport à un référentiel $(\mathcal{R})$ est donné par :

$$W(\overrightarrow{F})_{A\mapsto B} = \overrightarrow{F}.\overrightarrow{AB}$$

ou

$$W(\overrightarrow{F})_{A\mapsto B} = F.AB.\cos(\overrightarrow{F},\overrightarrow{AB})$$

F	en	N
AB	en	m
$W(\overrightarrow{F})_{A\mapsto B}$	en	J

• Travail moteur, travail résistant

Le travail est une grandeur scalaire qui peut être positive, négative ou nulle.

- Si $\cos(\overrightarrow{F}, \overrightarrow{AB}) > 0$, $W(\overrightarrow{F})_{A\mapsto B} > 0$: le travail est dit moteur
- Si $\cos(\overrightarrow{F}, \overrightarrow{AB}) < 0$, $W(\overrightarrow{F})_{A\mapsto B} < 0$: le travail est dit résistant
- Si $\cos(\overrightarrow{F}, \overrightarrow{AB}) = 0$, $W(\overrightarrow{F})_{A\mapsto B} = 0$: une force dont le point d'application se déplace orthogonalement à sa direction fournit un travail nul.

Cas d'une force variable pour un déplacement quelconque

On décompose le déplacement du point d'application en déplacements élémentaires $\overrightarrow{\delta l}$ suffisament petits pour que ces déplacements puissent être assimilés à des segments de droite et pour que la force puisse être considérée comme constante au cours de ce déplacement.

• Travail élémentaire

Lors d'un déplacement élémentaire du point d'application d'une force $\overrightarrow{F}$ constante, le travail élémentaire δW vaut :

$\delta W(\overrightarrow{F}) = \overrightarrow{F}.\overrightarrow{\delta l}$ ou $\delta W(\overrightarrow{F}) = F.\delta l.\cos(\overrightarrow{F},\overrightarrow{\delta l})$	F en N δl en m $\delta W(\overrightarrow{F})$ en J

• Travail total de la force $\overrightarrow{F}$

Le travail total de la force $\overrightarrow{F}$ lorsque son point d'application se déplace de A en B s'écrit :

$$W(\overrightarrow{F})_{A\mapsto B} = \sum_A^B \delta W(\overrightarrow{F}) = \sum_A^B \overrightarrow{F}.\overrightarrow{\delta l}$$

ou sous forme intégrale :

$$W(\overrightarrow{F})_{A\mapsto B} = \int_A^B \overrightarrow{F}.\overrightarrow{dl} \quad \text{avec} \quad \overrightarrow{dl} = \overrightarrow{MM'} = \overrightarrow{v}dt$$

Occupant aux instants t et $t' = t + dt$ les positions M et M', le travail élémentaire de la force $\overrightarrow{F}$ pendant la durée dt s'écrit $\delta W = \overrightarrow{F}.\overrightarrow{dl} = \overrightarrow{F}.\overrightarrow{v}dt$ avec $\overrightarrow{dl} = \overrightarrow{MM'}$.

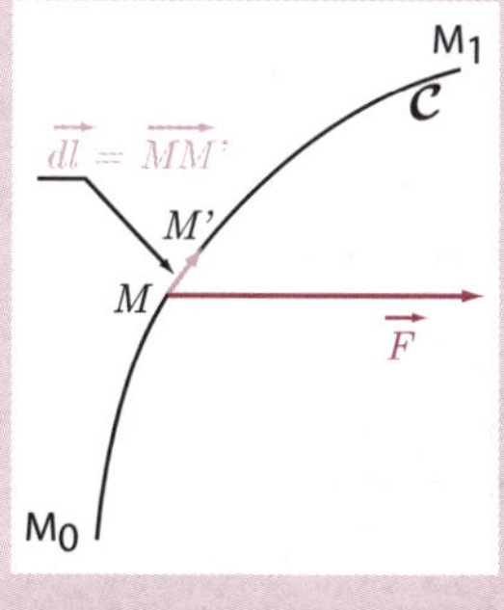

Le travail ne dépend pas, dans ces conditions, du chemin réellement suivi mais uniquement des positions initiale et finale.

Si la force $\overrightarrow{F}$ est constante, alors :

$$W(\overrightarrow{F})_{A\mapsto B} = \overrightarrow{F}\int_A^B \overrightarrow{dl} = \overrightarrow{F}.\overrightarrow{AB}$$

(travail d'une force constante)

Comment calculer les travaux des forces les plus courantes ?

Cas d'une force $\overrightarrow{F}$ constante

Exemple : travail des forces de pesanteur.

Soit un objet de masse m et de dimensions négligeables.

Cet objet est soumis à son poids $\overrightarrow{P}$, vecteur force constant.

Soient Oz un axe vertical dirigé vers le haut, M et M' deux positions occupées par l'objet aux dates t et $t + dt$ (Fig.2.1).

On désigne par H et H' les projetés de M et M' sur l'axe Oz.

$\delta W = \overrightarrow{F}.\overrightarrow{dl} = \overrightarrow{P}.\overrightarrow{dl}$

Comme $\overrightarrow{P} = -P\overrightarrow{k}$ et $\overrightarrow{dl} = dx\overrightarrow{i} + dz\overrightarrow{k}$ alors $\overrightarrow{P}.\overrightarrow{dl} = -Pdz$ et

$$W(\overrightarrow{P})_{A\mapsto B} = \int_{z_A}^{z_B} -mgdz = -mg(z_B - z_A) = -mg\Delta z$$

(travail des forces de pesanteur)

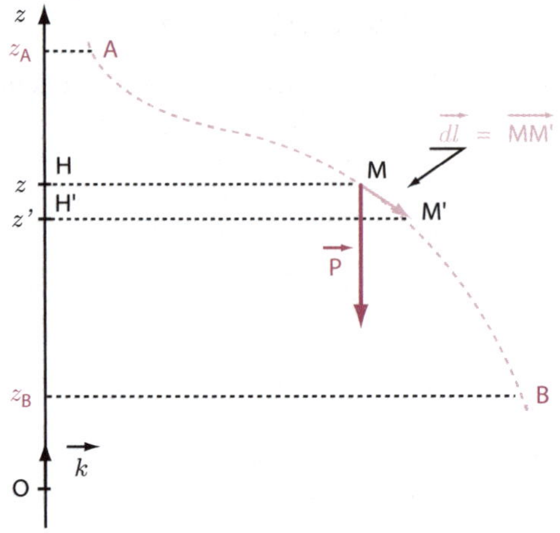

Figure 2.1

Cas où la force $\overrightarrow{F}$ n'est pas constante

Exemple : détermination du travail d'une force pour étirer un ressort de constante de raideur k.

Soit un ressort de raideur k et de longueur à vide l_0.

La force $\overrightarrow{F}$ qu'il faut exercer pour allonger le ressort de x est $\overrightarrow{F} = kx\overrightarrow{i}$.

$$W(\overrightarrow{F}) = \int_{l_0}^{l} \overrightarrow{F}.\overrightarrow{dl} = \int_0^x (kx\overrightarrow{i}).(dx\overrightarrow{i}) = \int_0^x kxdx = \frac{1}{2}kx^2.$$

Le travail fourni ne dépend que de l'allongement initial et de l'allongement final du ressort.

Généralisation : le travail fourni par un opérateur lorsque l'allongement du ressort passe de x_A à x_B, est donné par :

$$W(\overrightarrow{F})_{A\mapsto B} = \frac{1}{2}k\left(x_B^2 - x_A^2\right)$$

(travail d'allongement d'un ressort)

Puissance d'une force

La puissance développée par une force est d'autant plus grande que le travail fourni par unité de temps est grand.

Par définition, la puissance est égale au travail fourni par unité de temps, soit :

$\mathcal{P} = \dfrac{\delta W}{\delta t}$	W en J t en s $\mathcal{P}$ en W

Pendant la durée δt, le point d'application de la force $\overrightarrow{F}$ s'est déplacé de $\overrightarrow{\delta l}$.

Le travail élémentaire s'écrit donc :

$$\delta W = \overrightarrow{F}.\overrightarrow{\delta l} = \overrightarrow{F}.\overrightarrow{v}dt, \quad \text{où} \quad \overrightarrow{v} = \frac{\overrightarrow{\delta l}}{\delta t}$$

Comme pour le travail, la puissance est une grandeur algébrique.

et par suite :

$\mathcal{P} = \overrightarrow{F}.\overrightarrow{v}$	F en N v en $m.s^{-1}$ $\mathcal{P}$ en W

2. Théorème de l'énergie cinétique

Qu'est ce que l'énergie cinétique ?

Cas d'un point matériel

- Un point matériel de masse m se déplaçant à la vitesse $\overrightarrow{v}$, dans un référentiel $(\mathcal{R})$, possède une énergie, appelée énergie cinétique, telle que :

$\mathcal{E}_c = \frac{1}{2}mv^2$	$\mathcal{E}_c$ en J m en kg v en $m.s^{-1}$

Cas d'un solide

• Solide en translation

Un solide peut être considéré comme un ensemble de points matériels M_i de masse m_i.

Chaque point du solide se déplace à la vitesse $\overrightarrow{v_i} = \overrightarrow{v_G}$, où $\overrightarrow{v_G}$ représente le vecteur vitesse du centre d'inertie du solide.
Ainsi l'énergie cinétique du solide est :

$$\mathcal{E}_c = \sum_i \mathcal{E}_{ci} = \sum_i \frac{1}{2}m_i v_G^2 = \frac{1}{2}\left(\sum_i m_i\right) v_G^2, \text{ d'où :}$$

$$\mathcal{E}_c = \frac{1}{2}mv_G^2 \ ; \ m = \sum_i m_i \text{ représente la masse totale du solide.}$$

• Solide en rotation

Chaque point du solide situé à la distance $r_i = O_iM_i$ de l'axe de rotation est animé de la vitesse $v_i = \omega r_i$, où v_i représente la vitesse linéaire (en $m.s^{-1}$) et ω la vitesse angulaire (en $rad.s^{-1}$) (Fig.2.2).
L'énergie cinétique du solide est donc :

$$\mathcal{E}_c = \sum_i \mathcal{E}_{ci} = \sum_i \frac{1}{2}m_i(\omega r_i)^2 = \frac{1}{2}\omega^2 \sum_i m_i r_i^2.$$

En posant $J_\Delta = \sum_i m_i {r_i}^2$ où J_Δ représente le moment d'inertie du solide par rapport à l'axe Δ, on obtient :

$\mathcal{E}_c = \frac{1}{2}J_\Delta\omega^2$	$\mathcal{E}_c$ en J ω en $rad.s^{-1}$ J_Δ en $kg.m^2$

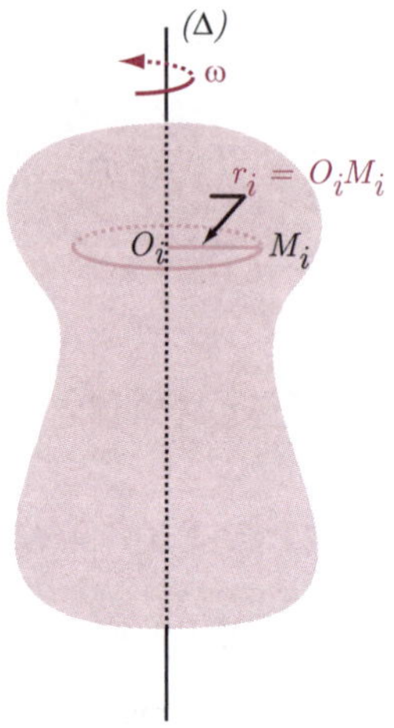

Figure 2.2

Quelle est la relation entre travail et énergie cinétique ?

Considérons un point matériel M (particule de masse m) se déplaçant à la vitesse $\overrightarrow{v}$, dans un référentiel $(\mathcal{R})$ galiléen, et soumis à un ensemble de forces dont la résultante est $\overrightarrow{F}$.

La variation de l'énergie cinétique $\mathcal{E}_c$ est $d\mathcal{E}_c = d\left(\frac{1}{2}mv^2\right) = m\overrightarrow{v}.d\overrightarrow{v}$ (si $m =$ cste).

Le mobile soumis à la force $\overrightarrow{F}$ acquiert l'accélération $\overrightarrow{a} = \frac{d\overrightarrow{v}}{dt} = \frac{\overrightarrow{F}}{m}$, soit

$d\overrightarrow{v} = \overrightarrow{a}dt = \frac{\overrightarrow{F}}{m}dt.$

Ainsi, $d\mathcal{E}_c = m\overrightarrow{v}.\overrightarrow{a}dt = m\overrightarrow{v}.\frac{\overrightarrow{F}}{m}dt = \overrightarrow{F}.\overrightarrow{v}dt = \overrightarrow{F}.\overrightarrow{dl}$

Soit :

$$d\mathcal{E}_c = \delta W$$

En intégrant la relation précédente entre les dates t_1 et t_2, on obtient :

$$\Delta\mathcal{E}_c = \mathcal{E}_{c2} - \mathcal{E}_{c1} = \int_{\mathcal{E}_{c1}}^{\mathcal{E}_{c2}} d\mathcal{E}_c = \int_{l_1}^{l_2} \overrightarrow{F}.\overrightarrow{dl} = W(\overrightarrow{F})_{1\mapsto 2}$$

Énoncé du théorème de l'énergie cinétique. Dans un référentiel galiléen, la variation de l'énergie cinétique d'un point matériel M, entre deux instants t_1 et t_2 est égale à la somme des travaux des forces appliquées à M entre ces deux instants t_1 et t_2.

Quelle est la relation entre la puissance et l'énergie cinétique ?

On a $\mathcal{P} = \overrightarrow{F}.\overrightarrow{v}$. Comme $\overrightarrow{F} = m\dfrac{d\overrightarrow{v}}{dt}$ alors $\mathcal{P} = m\dfrac{d\overrightarrow{v}}{dt}.\overrightarrow{v}$.

La masse m étant constante, on peut donc écrire :

$$m\overrightarrow{v}.\frac{d\overrightarrow{v}}{dt} = \frac{1}{2}\frac{d}{dt}\left(mv^2\right) = \frac{d}{dt}\left(\frac{1}{2}mv^2\right).$$

Finalement :

$$\mathcal{P} = \frac{d}{dt}(\mathcal{E}_c)$$

($\mathcal{P}$ en W et $\mathcal{E}_c$ en J)

3. Énergie potentielle – Énergie mécanique

Qu'est ce qu'une force conservative ?

Une force $\overrightarrow{F}$ est dite conservative s'il existe une fonction $\mathcal{E}_p$, dépendant uniquement des coordonnées de position, telle que :

$d\mathcal{E}_p = -\overrightarrow{F}.\overrightarrow{dl}$ $\mathcal{E}_p$ est homogène à une énergie	$\mathcal{E}_p$ en J F en N l en m

$\mathcal{E}_p$ est appelée énergie potentielle de la particule M associée à la force $\overrightarrow{F}$.

Dans le cas d'une force $\overrightarrow{F} = F(x).\overrightarrow{u_x}$ ne dépendant que d'une seule coordonnée x, on a :

$$d\mathcal{E}_p = -F(x).dx,\ \text{soit}\ f(x) = -\frac{d\mathcal{E}_p}{dx}$$

Quelle est la relation entre travail et énergie potentielle ?

Le travail élémentaire correspond à la différentielle totale de $-\mathcal{E}_p$, soit $dW = -d\mathcal{E}_p$.

Le travail élémentaire d'une force $\overrightarrow{F}$ est $\delta W = \overrightarrow{F}.\overrightarrow{dl}$.
Si $\overrightarrow{F}$ est conservative alors $\overrightarrow{F}$ dérive d'une énergie potentielle $\mathcal{E}_p$ telle que $d\mathcal{E}_p = -\overrightarrow{F}.\overrightarrow{dl}$, soit :

$$\delta W = -d\mathcal{E}_p$$

Le travail total de la force $\overrightarrow{F}$ s'écrit donc :

$$W(\overrightarrow{F})_{1\mapsto 2} = -\int_1^2 d\mathcal{E}_p = -\left[\mathcal{E}_p\right]_{\mathcal{E}_{p1}}^{\mathcal{E}_{p2}} = \mathcal{E}_{p1} - \mathcal{E}_{p2}$$

(Le travail de la force $\overrightarrow{F}$ est indépendant du chemin suivi)

Qu'est ce que l'énergie mécanique d'un corps ?

Dans le cas d'un référentiel galiléen, on a vu que $d\mathcal{E}_c = \delta W$.

Si la force $\overrightarrow{F}$ est conservative alors il existe une fonction $\mathcal{E}_p$ telle que $dW = -d\mathcal{E}_p$. En combinant les deux dernières relations, on obtient $d\mathcal{E}_c = -d\mathcal{E}_p$, soit $d(\mathcal{E}_c + \mathcal{E}_p) = 0$, c'est-à-dire :

$$\mathcal{E}_c + \mathcal{E}_p = \mathcal{E}_m = \text{cste}$$

La somme $\mathcal{E}_m = \mathcal{E}_c + \mathcal{E}_p$, qui se conserve au cours du temps, est appelée énergie mécanique de la particule M.

Quelles sont les énergies potentielles associées aux forces les plus courantes ?

Énergie potentielle d'une force $\overrightarrow{F} = F(x).\overrightarrow{u_x}$ ne dépendant que d'une seule coordonnée x

$\mathcal{E}_p(x) = -\int F(x).dx$	$\mathcal{E}_p(x)$ en J $F(x)$ en N x en m

Énergie potentielle de pesanteur

Un corps de masse m, situé à l'altitude z de la surface d'un astre de champ de pesanteur uniforme $\overrightarrow{g}$, possède une énergie potentielle de pesanteur :

$\mathcal{E}_{pp} = mgz + \text{cste}$	$\mathcal{E}_{pp}$ en J g en N.kg^{-1} z en m

Énergie potentielle gravitionnelle

Deux corps de masses m et m', séparés d'une distance r, en interaction gravitationnelle, possèdent une énergie potentielle d'interaction gravitationnelle :

$\mathcal{E}_{pg} = -G\dfrac{mm'}{r} + \text{cste}$	$\mathcal{E}_{pg}$ en J G en N.m^2.kg^{-2} m et m' en kg r en m

Énergie potentielle élastique

Un ressort, à spires non jointives, de constante de raideur k, comprimé ou étiré d'une longueur x, possède de l'énergie potentielle élastique :

$$\mathcal{E}_{pe} = \frac{1}{2}kx^2$$

$\mathcal{E}_{pe}$	en	J
k	en	$N.m^{-1}$
x	en	m

Énergie potentielle d'interaction électrique

• Deux particules chargées, de charges q et q', séparées d'une distance r, en interaction électrique, possèdent une énergie potentielle d'interaction :

$$\mathcal{E}_{pel} = \frac{1}{4\pi\epsilon_0}\frac{qq'}{r}$$

$\mathcal{E}_{pel}$	en	J
ϵ_0 : permittivité du vide	en	$F.m^{-1}$
q et q'	en	C
x	en	m

• Une charge q placée en un point M de l'espace où le potentiel vaut V possède une énergie potentielle électrique

$$\mathcal{E}_{pel} = qV$$

$\mathcal{E}_{pel}$	en	J
q	en	C
V	en	V

QCM

2.1 Un caisson de masse $m = 100$ kg, accroché à une grue, se trouve à une hauteur $h = 20$ m.
On donne : $g = 9{,}8$ m.s^{-2}
On prendra le sol comme niveau de référence des énergies potentielles de pesanteur.

❑ **a.** L'énergie mécanique du système {Terre, Caisson} vaut 19,6 kJ.

Le caisson se détache et tombe. L'énergie potentielle du caisson quand il se trouve à la hauteur $h_1 = 5$ m du sol vaut :

❑ **b.** 9,9 m.s^{-1} ❑ **c.** 17,1 m.s^{-1}

Le caisson s'écrase au sol avec la vitesse v_2 égale à :

❑ **d.** 19,8 m.s^{-1} ❑ **e.** 22,7 m.s^{-1}

L'énoncé suivant est commun aux questions 2, 3, 4 et 5

Un sportif de masse $m = 75$ kg effectue un saut à l'élastique en se lançant sans vitesse initiale d'un point A d'un pont situé au dessus d'une vallée (Fig.2.3).
L'élastique a une longueur à vide $l_0 = AB = 23$ m et sa masse est négligeable.
Au cours de la chute, l'élastique se tend à partir du point B jusqu'au point C situé à 38 m au-dessous du point A.
Pour l'élastique, on admettra :

– qu'il se comporte comme une ressort sans masse, de raideur k, lorsqu'il est étiré, c'est-à-dire que sa longueur l est supérieure à sa longueur à vide l_0 ;
– qu'au contraire, lorsqu'il n'est pas étiré, il n'exerce aucune force sur le sportif.

On prendra le point A comme origine des altitudes et des énergies potentielles de pesanteur.

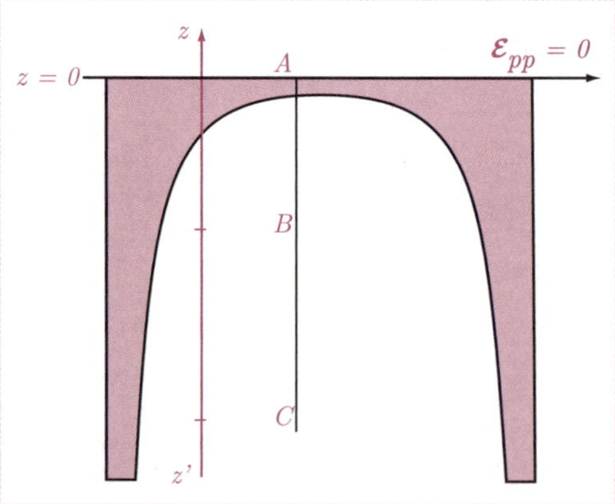

Figure 2.3

On négligera les frottements avec l'air.
Donnée : $g = 9{,}8$ m.s^{-2}.

2.2 La vitesse du sauteur au point B est :

❑ **a.** 12,34 m.s^{-1} ❑ **b.** 21,23 m.s^{-1} ❑ **c.** 29,40 m.s^{-1} ❑ **d.** 36,05 m.s^{-1} ❑ **e.** 4,61 m.s^{-1}

2.3 L'énergie mécanique du système {Terre, sauteur-élastique} vaut :

❑ **a.** $-16{,}9.10^3$ J ❑ **b.** $-12{,}5.10^3$ J ❑ **c.** $+16{,}9.10^3$ J ❑ **d.** 0,0 J ❑ **e.** $+22{,}6.10^3$ J

2.4 La constante de raideur k de l'élastique est de :

❑ **a.** 38,7 N.m^{-1} ❑ **b.** 98,0 N.m^{-1} ❑ **c.** 24,4 N.m^{-1} ❑ **d.** 88,0 N.m^{-1} ❑ **e.** 248,3 N.m^{-1}

2.5 La vitesse du sauteur lors de sa première descente quand il passe à 10 m au-dessous du point B est :

❑ **a.** 3,80 m.s^{-1} ❑ **b.** 12,6 m.s^{-1} ❑ **c.** 17,8 m.s^{-1} ❑ **d.** 22,3 m.s^{-1} ❑ **e.** 25,4 m.s^{-1}

Exercices

Conseils :

Pour une bonne application du théorème de l'énergie cinétique, il faut :

- *définir le système étudié (système indéformable) ;*
- *choisir un référentiel galiléen adapté au problème posé ;*
- *préciser l'état initial et l'état final ;*
- *faire le bilan des forces appliquées au système puis calculer la somme des travaux des forces lors du passage de l'état initial à l'état final ;*
- *enfin, appliquer le théorème de l'énergie cinétique.*

2.6 Accélération d'un solide

1. Un solide S, assimilable à un point matériel de masse $m = 200$ g, est abondonné, sans vitesse initiale, en un point A d'un plan incliné d'un angle $\alpha = 20°$ par rapport à l'horizontale.

Dans un premier temps, les frottements étant supposés négligeables, montrer que le solide S est animé d'un mouvement rectiligne uniformément accéléré. Calculer son accélération a et sa vitesse au point B ($AB = 1{,}0$ m).

2. En réalité, à cause des frottements, le solide S, toujours abondonné au point A sans vitesse initiale, passe en B avec une vitesse $v_B = 2{,}0$ m.s^{-1}.

En déduire la valeur, supposée constante, des forces de frottements sur le trajet AB.

2.7 Solide sur un plan incliné

Sur un plan incliné d'un angle $\alpha = 35°$ par rapport à l'horizontale, un solide de masse $m = 10$ kg est lancé d'un point A, vers le haut, avec une vitesse initiale $v_0 = 10$ m.s^{-1}. Le solide parcourt le long d'une ligne de plus grande pente une distance $l = 5$ m avant de s'arrêter au point B puis redescendre (Fig.2.4).

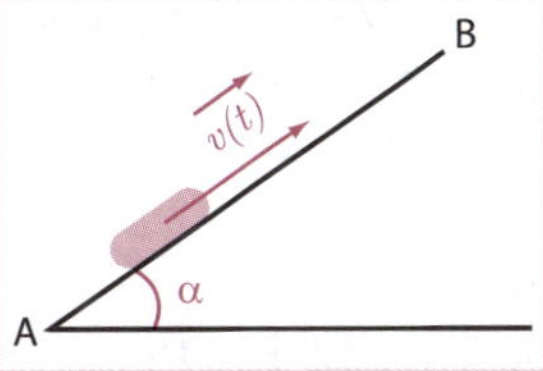

Figure 2.4

1. Calculer l'énergie mécanique du solide à la date t_A puis à la date t_B. L'énergie mécanique est-elle conservée ?

2. On admet que les frottements sur le plan incliné ainsi que la résistance de l'air ont une somme constante $\vec{f}$ parallèle au plan et opposée au vecteur vitesse $\vec{v}$.

Calculer l'intensité de la force $\vec{f}$.

2.8 Énergie mécanique d'un satellite

Un satellite de masse m décrit une orbite circulaire d'altitude h autour de la terre (corps assimilé à une sphère de rayon R_T).

Dans tout le problème, le satellite sera assimilé à un corps ponctuel.

1. Établir l'expression de l'intensité du champ gravitationnel $\vec{\mathcal{G}}$ à l'altitude h en fonction de g_0 (champ de pesanteur au niveau du sol terrestre), R_T et h.

2. a) Déterminer l'expression de la vitesse v du satellite, de son énergie cinétique $\mathcal{E}_c$ ainsi que de sa période de rotation T.

b) Calculer v, $\mathcal{E}_c$ et T pour :

$m = 1000$ kg ; $g_0 = 9{,}8$ m.s^{-1} ; $R_T = 6400$ km ; $h = 400$ km.

3. En prenant comme référence l'énergie potentielle à l'infini nulle ($\mathcal{E}_p(r \longrightarrow \infty) = 0$), l'énergie potentielle du satellite à l'altitude h est donnée par la relation :

$$\mathcal{E}_p = -G\frac{m.M_T}{R_T + h} \quad \text{avec} \quad \begin{array}{|l} G \text{ : constante de gravitation universelle} \\ M_T \text{ : masse de la terre} \end{array}$$

a) Exprimer $\mathcal{E}_p$ en fonction de g_0, m, R_T et h.

b) Déterminer l'expression de l'énergie mécanique $\mathcal{E}_m$ du satellite.

2.9 L'atome de Bohr

Le physicien Danois Niels Bohr propose en 1913 un modèle pour l'atome d'hydrogène (dit « modèle de Bohr ») afin de rendre compte de la quantification de l'énergie de cet atome.

1. Le modèle planétaire

C'est le modèle proposé par Rutherford en 1911 : l'électron est en orbite circulaire, de rayon r, autour du proton. Les deux particules, supposées ponctuelles, forment un système lié : on admet qu'elles sont liées par la force électrostatique de valeur $f = k.\dfrac{e^2}{r^2}$.

a) Calculer la valeur de la force électrostatique puis la comparer à la valeur de la force gravitationnelle qui s'exerce entre l'électron et le proton de l'atome d'hydrogène. On donne :

masse de l'électron : $m_e = 9{,}1.10^{-31}$ kg,

masse du proton : $m_p = 1{,}67.10^{-27}$ kg,

rayon de l'atome d'hydrogène : $r = 0{,}53.10^{-10}$ m.

Laquelle de ces deux forces est responsable de la cohésion de l'atome ? Justifier la réponse.

b) Démontrer que le mouvement de l'électron autour du noyau est uniforme.

c) Établir l'expression de la vitesse v de l'électron, en rotation autour du proton, en fonction de k, e, r et m.

d) Exprimer son énergie cinétique en fonction des mêmes paramètres.

e) On définit l'énergie potentielle, $\mathcal{E}_p$, de l'électron par $\dfrac{d\mathcal{E}_p(r)}{dr} = k\dfrac{e^2}{r}$. Montrer que son énergie potentielle est donnée par la relation :

$$\mathcal{E}_p(r) = -k\frac{e^2}{r}$$

On prendra $\mathcal{E}_p(r) = 0$ pour r tendant vers l'infini.

f) Exprimer son énergie mécanique $\mathcal{E}$ en fonction de k, e et r. Quelle est sa limite lorsque r tend vers l'infini ?

2. L'hypothèse de Bohr

Différents faits expérimentaux ont conduit Niels Bohr à formuler l'hypothèse suivante : l'électron ne peut se déplacer que sur certaines orbites dont les rayons r_n obéissent à la loi :

$$v_n.r_n = n.\frac{\hbar}{m}$$

avec
- n : entier supérieur ou égal à 1
- v_n : vitesse de l'électron sur l'orbite de rayon r_n
- m : masse de l'électron
- $\hbar = \dfrac{h}{2\pi}$ avec $h = 6{,}62.10^{-34}$ J.s (constante de Planck)

a) Déterminer l'expression de r_n en fonction de k, $\hbar$, m et n.

Exprimer r_n en fonction de r_1. Calculer r_1.

b) Déterminer l'expression de $\mathcal{E}_n$, énergie mécanique de l'électron sur l'orbite de rayon r_n, en fonction de k, $\hbar$, m et n puis exprimer $\mathcal{E}_n$ en fonction de $\mathcal{E}_1$.

Calculer $\mathcal{E}_1$ en J puis en eV.

On rappelle que 1 eV $= 1{,}6.10^{-19}$ J.

Corrigés

QCM

2.1 **Les affirmations correctes sont a., c. et d.**

Le système étudié est le caisson de masse m et de centre d'inertie G.
Son énergie mécanique est égale à la somme de son énergie cinétique et de son énergie potentielle de pesanteur, soit

$$\mathcal{E}_m = \mathcal{E}_c + \mathcal{E}_{pp} = \frac{1}{2}mv^2 + mgh$$

Accroché à la grue, le caisson est immobile, donc $\mathcal{E}_c = 0$, et par suite :

$$\mathcal{E}_m = mgh$$

Application numérique : $\mathcal{E}_m = 100 \times 9{,}8 \times 20 = 19600$ J, soit 19,6 kJ.
À la hauteur h_1, son énergie mécanique vaut

$$\mathcal{E}_{m1} = \mathcal{E}_{c1} + \mathcal{E}_{pp1} = \frac{1}{2}mv_1^2 + mgh_1$$

L'énergie mécanique se conserve en l'absence de frottement, donc

$$\mathcal{E}_m = \mathcal{E}_{m1}, \quad \text{soit} \quad mgh = \frac{1}{2}mv_1^2 + mgh_1$$

Par suite : $v_1 = \sqrt{2g(h - h_1)}$
Numériquement : $v_1 = \sqrt{2 \times 9{,}8 \times (20 - 5)} \simeq 17{,}1$ m.s^{-1}
Lorsque le caisson touche le sol, son énergie potentielle de pesanteur est nulle. Par suite :

$$\mathcal{E}_m = \mathcal{E}_{m2}$$

Soit, $mgh = \frac{1}{2}mv_2^2$
ou encore : $v_2 = \sqrt{2gh}$
Numériquement : $v_2 = \sqrt{2 \times 9{,}8 \times 20} = 19{,}8$ m.s^{-1}

2.2 **L'affirmation correcte est b.**

2.3 **L'affirmation correcte est d.**

2.4 **L'affirmation correcte est e.**

2.5 **L'affirmation correcte est c.**

• Entre A et B, le sauteur, partant sans vitesse initiale, fait une chute de hauteur h.

• Sa vitesse en B est donc :

$$v_B = \sqrt{2gh} \quad \text{avec} \quad h = AB$$

Numériquement : $v_B = \sqrt{2 \times 9{,}8 \times 23} = 21{,}23\ \text{m.s}^{-1}$

• La référence des énergies potentielles de pesanteur est prise pour $z = 0$ (au niveau du point A). En A, l'énergie mécanique du sauteur, égale à la somme de son énergie cinétique et son énergie potentielle, est donc nulle.

Comme l'énergie mécanique se conserve, alors en B : $\mathcal{E}_{mB} = 0$.

• Entre B et C, deux forces travaillent : le poids $\overrightarrow{P}$ et la tension de l'élastique $\overrightarrow{T}$.

L'énergie mécanique en C est :

$$\mathcal{E}_{mC} = \mathcal{E}_{c(C)} + \mathcal{E}_{pp(C)} + \mathcal{E}_{pe}$$

Au point C, point le plus bas, la vitesse du sauteur est nulle et l'élastique est complètement tendu, donc

$$\left| \begin{array}{l} \mathcal{E}_{c(C)} = 0 \\ \mathcal{E}_{pp(C)} = mgz_c \text{ avec } z_c = -AC = -38\ \text{m} \\ \mathcal{E}_{pe} = \dfrac{1}{2}ka^2 \text{ avec } a = BC = 15\ \text{m : allongement de l'élastique} \end{array} \right.$$

Ainsi : $\mathcal{E}_{mC} = -mg.AC + \dfrac{1}{2}ka^2$

Comme il y a conservation de l'énergie mécanique, alors :

$$-mg.AC + \frac{1}{2}ka^2 = 0, \quad \text{soit} \quad k = \frac{2mg.AC}{a^2}$$

Numériquement $k = \dfrac{2 \times 75 \times 9{,}8 \times 38}{15^2} = 248{,}3\ \text{N.m}^{-1}$.

• Soit D ce point. L'énergie mécanique est :

$$\mathcal{E}_{mD} = \mathcal{E}_{c(D)} + \mathcal{E}_{pp(D)} + \mathcal{E}_{pe} \quad \text{avec} \quad \left| \begin{array}{l} \mathcal{E}_{c(D)} = \dfrac{1}{2}mv_D^2 \\ \mathcal{E}_{pp(D)} = mgz_D\ ; \quad z_D = -AD = -33\ \text{m} \\ \mathcal{E}_{pe} = \dfrac{1}{2}ka^2\ ; \quad a = BD = 10\ \text{m} \end{array} \right.$$

Comme $\mathcal{E}_{mD} = 0$, alors :

$$\frac{1}{2}mv_D^2 - mg.AD + \frac{1}{2}k.BD^2 = 0$$

D'où : $v_D = \sqrt{\dfrac{2}{m}.\left(mg.AD - \dfrac{1}{2}k.BD^2\right)}$

Application numérique : $v_D = \sqrt{\dfrac{2}{75} \times \left(75 \times 9{,}8 \times 33 - \dfrac{1}{2} \times 248{,}3 \times 10^2\right)} \simeq 17{,}8\ \text{m.s}^{-1}$

Exercices

2.6

1. Étude du système.

- Le système étudié : {solide S, supposé ponctuel, de masse m}
- Le référentiel d'étude choisi : terrestre supposé galiléen
- Bilan des forces s'exerçant sur le système : Le poids $\overrightarrow{P}$ et la force de contact $\overrightarrow{R_n}$ (composante normale, absence de forces de frottements) (Fig.2.5).

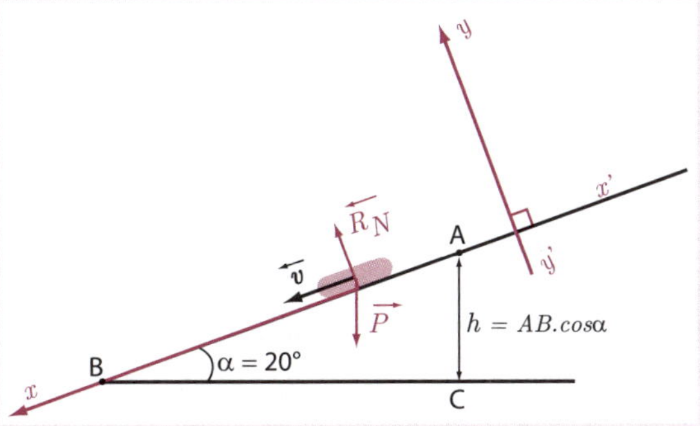

Figure 2.5

La 2e loi de Newton appliquée au système donne :

$$m\overrightarrow{a} = \overrightarrow{P} + \overrightarrow{R_n} \ (1)$$

Projetons cette équation vectorielle (1) sur les deux axes orientés $x'x$ et $y'y$.

- Projection sur $x'x$: $ma_x = P_x + R_{nx}$
- Projection sur $y'y$: $0 = P_y + R_{ny}$ ($a_y = 0$ car il n'y pas de mouvement selon $y'y$: le solide ne décolle pas du plan incliné).

Les composantes de $\overrightarrow{P}$ et $\overrightarrow{R_n}$ selon ce système d'axes sont :

$$\overrightarrow{P}\begin{cases} P_x = mg\sin\alpha \\ P_y = -mg\cos\alpha \end{cases} \quad \text{et} \quad \overrightarrow{R_n}\begin{cases} R_{nx} = 0 \\ R_{ny} = +R_n \end{cases}$$

D'où le système d'équations :

$$\begin{cases} ma = mg\sin\alpha \\ \text{et} \\ -mg\cos\alpha + R_n = 0 \end{cases}, \quad \text{soit} \quad \begin{cases} a = g\sin\alpha \\ \text{et} \\ R_n = mg\cos\alpha \end{cases}$$

Numériquement : $a = 9{,}81 \times \sin(20) = 3{,}35\ \text{m.s}^{-2}$

Déterminons la vitesse du mobile au point B.

Appliquons au système le théorème de l'énergie cinétique entre son point de départ A ($v_A = 0$) et son passage en B avec la vitesse $\overrightarrow{v_B}$. Il vient :

$$\frac{1}{2}mv_B^2 - 0 = W(\overrightarrow{P})_{A\mapsto B} + W(\overrightarrow{R_N})_{A\mapsto B} \quad (2)$$

- Le poids $\overrightarrow{P}$ est une force conservative dont le travail entre les points A et B ne dépend que de la dénivellation $h = AB\sin\alpha$.

Dans le triangle ABC, rectangle en C, on a :

$$\sin\alpha = \frac{AC}{AB} = \frac{h}{AB}, \text{ soit } h = AB\sin\alpha$$

Par suite,

$$W(\overrightarrow{P})_{A\mapsto B} = mgh = mg.AB\sin\alpha \text{ ; le travail est } \textbf{moteur}.$$

- La force $\overrightarrow{R_N}$ (réaction sans frottement) est constamment orthogonale au déplacement : sa puissance instantanée, $\mathcal{P} = \overrightarrow{R_N}.\overrightarrow{v}$, est donc nulle à chaque instant. Par suite :

$$W(\overrightarrow{R_N})_{A\mapsto B} = 0$$

En revenant à l'égalité (2), nous obtenons :

$$\frac{1}{2}mv_B^2 = mg.AB\sin\alpha$$

Soit

$$v_B = \sqrt{2g.AB\sin\alpha}$$

Numériquement, $v_B = \sqrt{2\times 9{,}81\times 1{,}0\times\sin 20} \simeq 2{,}6\ \text{m.s}^{-1}$.

2. Les forces s'exerçant sur le système sont à présent : le poids $\overrightarrow{P}$, la force de contact $\overrightarrow{R_N}$ (composante normale) et la force de frottement $\overrightarrow{f}$.

Le théorème de l'énergie cinétique appliqué au système entre son point de départ A ($v_A = 0$) et son passage en B avec la vitesse $\overrightarrow{v_B}$ permet d'écrire :

$$\frac{1}{2}mv_B^2 - 0 = W(\overrightarrow{P})_{A\mapsto B} + W(\overrightarrow{R_N})_{A\mapsto B} + W(\overrightarrow{f})_{A\mapsto B} \quad (3)$$

Comme dans la question 1. :

$$W(\overrightarrow{P})_{A\mapsto B} = mg.AB\sin\alpha \quad \text{et} \quad W(\overrightarrow{R_N})_{A\mapsto B} = 0.$$

La force de frottement $\overrightarrow{f}$ n'est pas une force conservative. Mais, comme elle est supposée constante (elle garde la même direction, le même sens et la même valeur), alors nous pouvons écrire :

$$W(\overrightarrow{f})_{A\mapsto B} = -f.AB$$

En revenant à l'égalité (3), nous obtenons :

$$\frac{1}{2}mv_B^2 = mg.AB\sin\alpha - f.AB$$

Soit : $f = \dfrac{mg.AB\sin\alpha - \frac{1}{2}mv_B^2}{AB}$

Application numérique :

$$f = \frac{0{,}200 \times 9{,}81 \times 1{,}0 \times \sin 20 - \frac{1}{2} \times 0{,}200 \times (2{,}0)^2}{1{,}0}$$

$$= 0{,}27 \text{ N}.$$

2.7

Le système étudié est le solide de masse m et de centre d'inertie G.

Son énergie mécanique est donnée par $\mathcal{E}_m = \mathcal{E}_c + \mathcal{E}_{pp}$.

Choisissons comme origine des énergies potentielles un plan horizontal contenant le point A, position initiale du mobile (Fig.2.6).

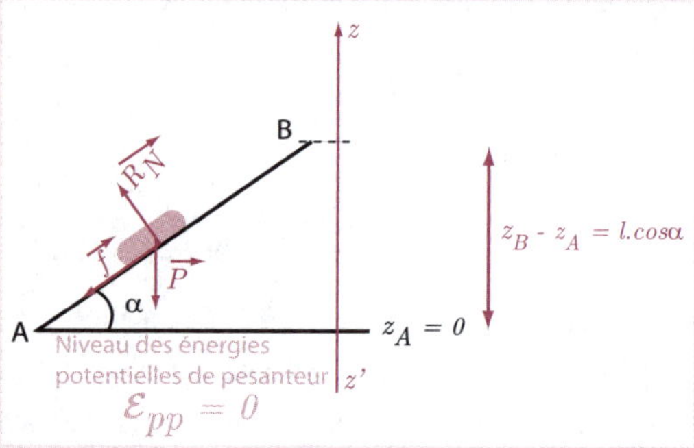

Figure 2.6

- À la date t_A, l'énergie mécanique est :

$$\mathcal{E}_m(A) = \mathcal{E}_c(A) = \frac{1}{2}mv_0^2 \quad \text{car} \quad \mathcal{E}_{pp}(A) = 0$$

- À la date t_B, l'énergie mécanique est :

$$\mathcal{E}_m(B) = \mathcal{E}_{pp}(B) = mg(z_B - z_A) \quad \text{car} \quad \mathcal{E}_c(B) = 0$$
(le solide s'arrête)

Comme $z_B - z_A = l\cos\alpha$, alors

$$\mathcal{E}_m(B) = mgl\cos\alpha$$

Numériquement :

$$\mathcal{E}_m(A) = \frac{1}{2} \times 10 \times (10)^2 = 500 \text{ J}$$
$$\mathcal{E}_m(B) = 10 \times 9{,}8 \times 5 \times \cos 35 \simeq 401 \text{ J}$$

On a $\mathcal{E}_m(A) \neq \mathcal{E}_m(B)$; il n'y a donc pas conservation de l'énergie mécanique. Dans ce cas, il y a donc présence de forces non conservatives.

2. D'après le théorème de l'énergie mécanique, on peut écrire :

$$\Delta\mathcal{E}_m = W_{nc} = W(\overrightarrow{f})_{A\mapsto B}$$

Ainsi :

$$\mathcal{E}_m(B) - \mathcal{E}_m(A) = \overrightarrow{f}.\overrightarrow{AB}, \quad \text{car } \overrightarrow{f} \text{ est supposée force constante}$$

De plus, comme $\overrightarrow{f}$ s'oppose au mouvement, son travail est donc résistant, soit :

$$W(\overrightarrow{f})_{A\mapsto B} = -f.l$$

Conclusion :

$$\mathcal{E}_m(B) - \mathcal{E}_m(A) = -f.l \quad \text{et donc} \quad f = \frac{\mathcal{E}_m(A) - \mathcal{E}_m(B)}{l}$$

Numériquement : $f = \dfrac{500 - 401}{5} = 19{,}8$ N

2.8

1. La valeur du champ de gravitation à l'altitude h est donnée par la relation :

$$\mathcal{G}(h) = G\frac{M_T}{(R_T + h)^2}$$

Pour $h = 0$, on a :

$$\mathcal{G}(0) = g_0 = G\frac{M_T}{{R_T}^2}$$

Ainsi

$$\mathcal{G}(h) = G\frac{M_T}{(R_T + h)^2} = G\frac{M_T}{{R_T}^2}.\frac{R_T^2}{(R_T + h)^2} = g_0.\frac{R_T^2}{(R_T + h)^2}$$

2. a) Appliquons la deuxième loi de Newton au satellite de masse m, dans le référentiel géocentrique (Fig.2.7).

$$\sum \overrightarrow{f}_{ext} = m\overrightarrow{a}, \quad \text{soit} \quad -G\frac{M_T m}{r^2}\overrightarrow{u} = m\overrightarrow{a}$$

Le mouvement du satellite étant un mouvement circulaire, l'accélération $\overrightarrow{a}$ a donc dans le repère mobile de Frenet les coordonnées :

$$\overrightarrow{a}\begin{cases} a_\tau = \dfrac{dv}{dt} \\ a_n = \dfrac{v^2}{r} \end{cases} \quad \text{avec} \quad r = R_T + h$$

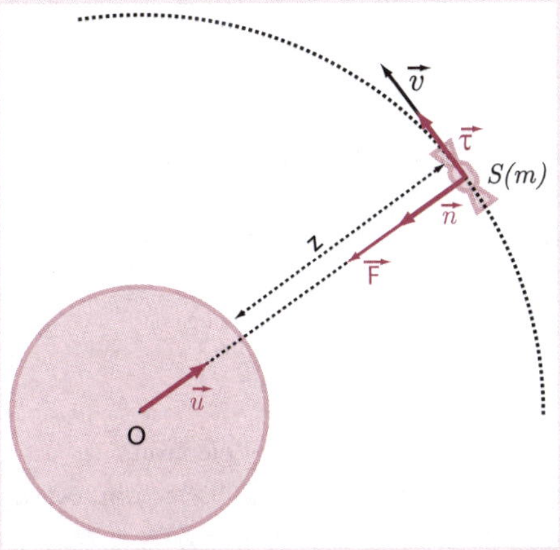

Figure 2.7

Comme $\overrightarrow{F} = -G\dfrac{M_T m}{(R_T+h)^2}\overrightarrow{u}$ n'a pas de composante selon $\overrightarrow{\tau}$ alors $a_\tau = 0$, soit $\dfrac{dv}{dt} = 0$, c'est-à-dire $v = $ cste.

Ainsi $ma_n = m\dfrac{v^2}{R_T+h} = G\dfrac{M_T m}{(R_T+h)^2} = m.g_0\dfrac{R_T^2}{(R_T+h)^2}$,

soit $v^2 = g_0\dfrac{R_T^2}{R_T+h}$.

Conclusion :

$$v = \sqrt{g_0\frac{R_T^2}{R_T+h}}$$

Comme $\mathcal{E}_c = \dfrac{1}{2}mv^2$ alors :

$$\mathcal{E}_c = \frac{1}{2}m\frac{GM_T}{r} = \frac{1}{2}mg_0\frac{R_T^2}{R_T+h}$$

La période correspond à la durée que met le satellite pour effectuer un tour complet, donc :

$$2\pi(R_T+h) = v.T$$

Soit, $2\pi(R_T+h) = T\sqrt{g_0\dfrac{R_T^2}{R_T+h}}$

D'où $T = 2\pi\dfrac{(R_T+h)}{R_T}\sqrt{\dfrac{R_T+h}{g_0}}$

b) Application numérique :

$v = \sqrt{9{,}8 \times \dfrac{(6400.10^3)^2}{(6400+400).10^3}} \simeq 7680\ \text{m.s}^{-1}$,

$\mathcal{E}_c = \dfrac{1}{2} \times 10^3 \times 9{,}8 \times \dfrac{(6400.10^3)^2}{(6400+400).10^3} = 2{,}95.10^{10}$ J

$T = 2\pi \times \dfrac{6800}{6400} \times \sqrt{\dfrac{6800.10^3}{9{,}8}} = 5{,}56.10^3$ s, soit 1 h 32 min 40 s

3. a) On a $\mathcal{E}_p = -G\dfrac{m.M_T}{R_T+h}$ et $g_0 = G\dfrac{M_T}{{R_T}^2}$. D'où :

$$\mathcal{E}_p = -mg_0\frac{R_T^2}{R_T+h}$$

b) Comme $\mathcal{E}_m = \mathcal{E}_c + \mathcal{E}_p$, alors :

$$\mathcal{E}_m = \frac{1}{2}mg_0\frac{R_T^2}{R_T+h} - mg_0\frac{R_T^2}{R_T+h} = -\frac{1}{2}mg_0\frac{R_T^2}{R_T+h}$$

2.9

1. a) Les valeurs des forces électriques et gravitationnelles s'exerçant entre électron et proton sont données par :

$$F_{él(p/e)} = k\frac{e^2}{r^2}$$

et

$$F_{g(p/e)} = G\frac{m_e m_p}{r^2}$$

Application numérique :

$$F_{él(p/e)} = 9.10^9 \times \frac{(1{,}6.10^{-19})^2}{(0{,}53.10^{-10})^2} = 8{,}2.10^{-8}\ \text{N}$$

et

$$F_{g(p/e)} = 6{,}67.10^{-11} \times \frac{9{,}1.10^{-31} \times 1{,}67.10^{-27}}{(0{,}53.10^{-10})^2} = 3{,}6.10^{-47}\ \text{N}$$

Calculons le rapport $\dfrac{F_{g(p/e)}}{F_{él(p/e)}}$.

Numériquement $\dfrac{F_{g(p/e)}}{F_{él(p/e)}} \simeq 4.10^{-40}$: la force gravitationnelle est donc négligeable devant la force électrique.

La force responsable de la cohésion de l'atome est donc la force électrique.

Dans toute la suite, on ne tiendra donc compte que de la force électrique.

b) L'atome d'hydrogène est formé d'un noyau ne contenant qu'un seul proton et d'un électron en rotation autour du noyau (Fig.2.8).

- Système étudié : {électron de masse m et de centre d'inertie G}.
- La seule force appliquée à l'électron est la force électrique de valeur $f = k\dfrac{e^2}{r^2}$
- Le référentiel d'étude sera un référentiel géocentrique (centré sur le proton supposé immobile). Ce référentiel sera supposé galiléen.
- Le mouvement de l'électron autour du noyau est un mouvement circulaire : on choisira donc le repère de Frenet.

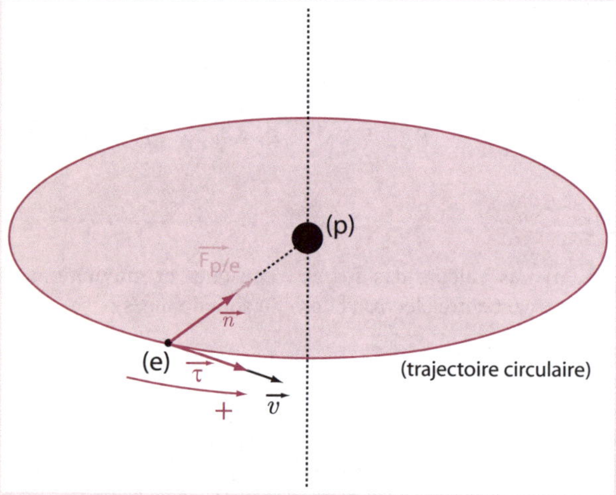

Figure 2.8

Dans ce repère, l'accélération a pour composantes

$$\vec{a} \begin{cases} a_\tau = \dfrac{dv}{dt} \\ a_n = \dfrac{v^2}{r} \end{cases}$$

Appliquons la 2e loi de Newton à l'électron :

$$m\vec{a} = \overrightarrow{F_{p/e}} = k\frac{e^2}{r^2}\vec{n} \qquad (1)$$

Comme $\overrightarrow{F_{p/e}} = k\dfrac{e^2}{r^2}\vec{n}$ n'a pas de composante selon $\vec{\tau}$ alors $a_\tau = 0$, soit $\dfrac{dv}{dt} = 0$, c'est-à-dire $v = $ cste : l'accélération est centripète.

Le mouvement de l'électron autour du noyau est donc un mouvement circulaire uniforme.

c) On a vu que $m\vec{a} = \overrightarrow{F_{p/e}} = k\dfrac{e^2}{r^2}\vec{n}$. Comme $a_\tau = 0$, alors $a = a_n$ et par suite.

$$m\frac{v^2}{r} = k\frac{e^2}{r^2}$$

Soit $v = e\sqrt{k\dfrac{1}{mr}}$ (2)

d) Énergie cinétique $\mathcal{E}_c(r)$ de l'électron.

Comme $\mathcal{E}_c = \dfrac{1}{2}mv^2$ et $v = e\sqrt{k\dfrac{1}{mr}}$, alors :

$$\mathcal{E}_c = \frac{1}{2}k\frac{e^2}{r} \qquad (3)$$

e) Énergie potentielle $\mathcal{E}_p(r)$ de l'électron.

L'énergie potentielle $\mathcal{E}_p(r)$ de l'électron est définie par : $\dfrac{d\mathcal{E}_p(r)}{dr} = k\dfrac{e^2}{r}$,

soit :

$$\mathcal{E}_p(r) = \int k\frac{e^2}{r^2}dr = -k\frac{e^2}{r} + \text{cste}$$

Avec la convention : $r \longrightarrow \infty$, $\mathcal{E}_p(r) = 0$, alors

$$\mathcal{E}_p(r) = -k\frac{e^2}{r} \qquad (4)$$

f) Énergie totale $\mathcal{E}_m$ de l'électron.

L'énergie totale de l'électron est la somme de son énergie cinétique et de son énergie potentielle :

$$\mathcal{E}_m = \mathcal{E}_c + \mathcal{E}_p(r) = \frac{1}{2}k\frac{e^2}{r} - k\frac{e^2}{r}, \text{ soit}$$

$$\mathcal{E}_m = -\frac{1}{2}k\frac{e^2}{r} = \frac{1}{2}\mathcal{E}_p(r) \qquad (5)$$

Lorsque r tend vers l'infini $\mathcal{E}_m$ tend vers zéro.

Le graphe donnant l'évolution de $\mathcal{E}_m$ en fonction de r est donné ci-dessous (Fig.2.9) :

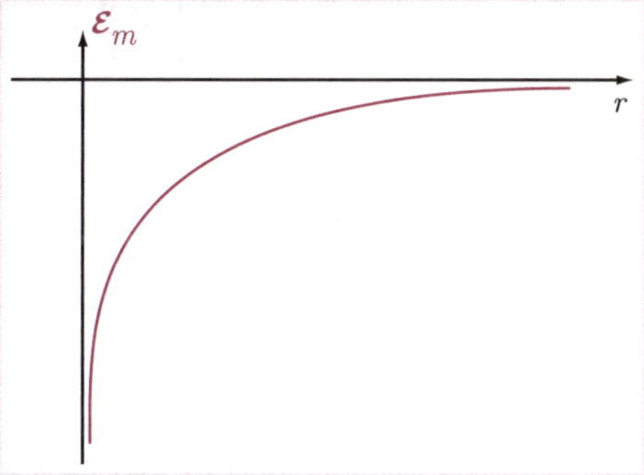

Figure 2.9

Remarque : Le calcul précédent montre que l'énergie totale $\mathcal{E}_m$ est une fonction continue de r et que toutes les orbites sont possibles. Ce résultat est en désaccord avec l'observation expérimentale : le spectre atomique est un spectre de raies.

2. On a vu que $v = e\sqrt{k\dfrac{1}{mr}}$.

Donc pour l'orbite de rayon r_n, on a :

$$v_n = e\sqrt{k\frac{1}{mr_n}}$$

L'hypothèse de Bohr, $v_n.r_n = n.\dfrac{\hbar}{m}$, donne :

$$e\sqrt{k\frac{1}{mr_n}}.r_n = n.\frac{\hbar}{m}$$

Soit, en élevant au carré :

$$e^2.k\frac{1}{mr_n}.r_n^2 = n^2.\frac{\hbar^2}{m^2}$$

Après simplification, on obtient :

$$r_n = n^2.\frac{\hbar^2}{kme^2} \tag{6}$$

La relation (6) montre que le rayon de la trajectoire est quantifié.

b) Comme $\mathcal{E}_m = -\dfrac{1}{2}k\dfrac{e^2}{r}$ (relation (5)) et $r_n = n^2.\dfrac{\hbar^2}{kme^2}$ (relation (6)), alors :

$$\mathcal{E}_m = -\frac{1}{2}k\frac{e^2}{n^2.\frac{\hbar^2}{kme^2}}$$

Soit $\mathcal{E}_m = -\dfrac{k^2me^4}{2\hbar^2}.\dfrac{1}{n^2}$ avec $n \geqslant 1$ (7)

La relation (7) montre que l'énergie $\mathcal{E}_m$ dépend de n et est donc quantifiée.

Pour $n = 1$, on a :

$$\mathcal{E}_1 = -\frac{k^2me^4}{2\hbar^2}$$

Par suite : $\mathcal{E}_m = -\dfrac{\mathcal{E}_1}{n^2}$ avec $n \geqslant 1$

Application numérique :

$$\mathcal{E}_1 = -\frac{(9.10^9)^2 \times (9{,}1.10^{-31}) \times (1{,}6.10^{-19})^4}{2 \times (1{,}054.10^{-34})^2}.\frac{1}{1^2}$$
$$= -2{,}214.10^{-18}\ \text{J}$$

Comme 1 eV $= 1{,}6.10^{-19}$ J, alors :

$$\mathcal{E}_1 = -\frac{2{,}214.10^{-18}}{1{,}6.10^{-19}} \simeq -13{,}6\ \text{eV}$$

L'énergie totale de l'électron, en eV, est donnée par la relation :

$$\mathcal{E}_m(\text{en eV}) = -\frac{13{,}6}{n^2}, \quad n \geqslant 1 \tag{8}$$

3 Les oscillations libres des oscillateurs mécaniques

1. Définitions et résultats fondamentaux

Qu'est ce qu'un oscillateur ?

Un oscillateur est un système écarté de sa position d'équilibre stable.

Le système se trouve donc dans une cuvette de potentiel.

On appelle oscillateur tout système qui effectue des mouvements de va-et-vient autour d'une position d'équilibre stable.

Si $\mathcal{E}_p$ représente l'énergie potentielle du système, son évolution en fonction de la position x peut être donnée par le graphe de la figure ci-dessous (Fig. 3.1) :

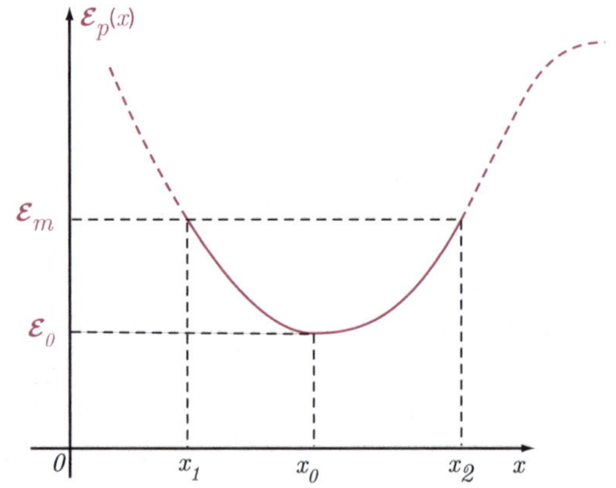

Figure 3.1

Les oscillations sont libres quand, une fois écarté de sa position d'équilibre, l'oscillateur est abandonné à lui-même.

Qu'est ce qu'un oscillateur harmonique ?

L'oscillateur est dit harmonique si sa cuvette de potentiel est parabolique (Fig. 3.2).

Dans le cas représenté ci-après, la position d'équilibre stable correspond à $x = x_0$.

Ce mouvement n'a pas de branches infinies, puisque x est limité à l'intervalle $[x_1,x_2]$: le mouvement de l'oscillateur dans la cuvette de potentiel est donc un mouvement lié.

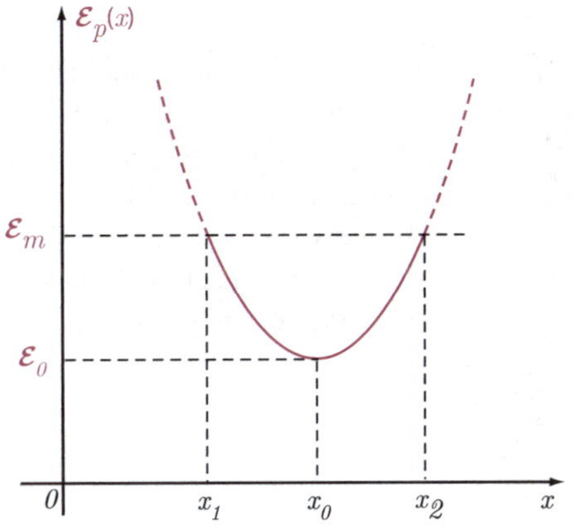

Figure 3.2

Dans le cas d'un oscillateur mécanique en translation selon un axe $x'Ox$, par exemple, l'énergie potentielle s'écrit donc sous la forme :

$$\mathcal{E}_p(x) = Ax^2 + \mathcal{E}_0 \quad \text{avec} \quad A = \text{cste} > 0$$

Par quoi est caractérisé un oscillateur ?

Un oscillateur libre est caractérisé par la variation, au cours du temps, d'une grandeur physique de part et d'autre d'une valeur d'équilibre.

Cette grandeur physique peut être une abscisse $x(t)$ ou une vitesse $\dot{x}(t)$, un angle $\theta(t)$ ou une vitesse angulaire $\omega = \dot{\theta}(t)$.

Quels sont les oscillateurs mécaniques d'usage courant ?

Le pendule simple

Il est constitué d'un objet ponctuel de masse m suspendu à un point fixe par un fil de longueur l et de masse négligeable, dans une région de l'espace où règne le champ de pesanteur $\overrightarrow{g}$ uniforme.

À l'équilibre, le pendule est vertical. On l'écarte de sa position d'équilibre d'un angle θ_0 puis on le lâche sans vitesse initiale. On observe qu'il effectue des allers et retours autour de sa position d'équilibre : on dit que le pendule oscille (Fig. 3.3).

Le pendule simple est un oscillateur et la durée d'un aller-retour du pendule (ou cycle) correspond à une période d'oscillation.

La grandeur physique associée à l'oscillateur est l'angle $\theta(t)$ appelé élongation angulaire. $\theta(t)$ désigne l'écart angulaire entre la position du pendule à l'instant t et celle d'équilibre. L'élongation $\theta(t)$ est une grandeur algébrique.

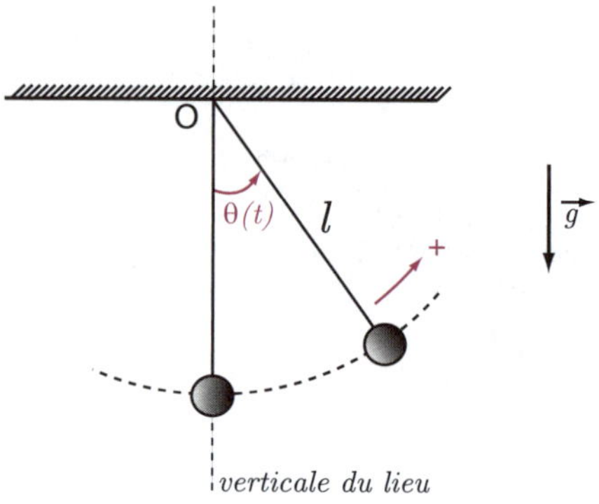

Figure 3.3

Le pendule élastique

Il est constitué d'un mobile oscillant (solide S de masse m et de centre d'inertie G) et d'un ressort de constante de raideur k.

Lorsqu'on écarte le solide de sa position d'équilibre puis qu'on le lâche, il effectue un mouvement oscillatoire de translation autour de la position d'équilibre (Fig. 3.4).

La grandeur physique associée à l'oscillateur est l'élongation $x(t)$. $x(t)$ désigne l'écart entre la position du pendule à l'instant t et celle d'équilibre. L'élongation $x(t)$ est une grandeur algébrique.

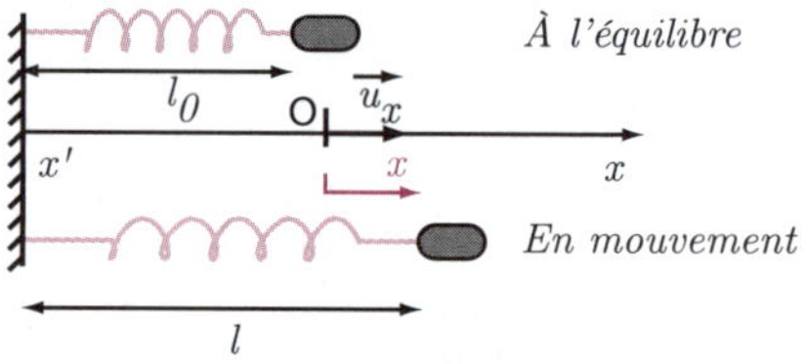

Figure 3.4

Quelle est l'expression de la force de rappel correspondant à une cuvette de potentielle parabolique ?

Dans le cas d'une cuvette parabolique et pour un oscillateur mécanique en translation selon l'axe $x'Ox$, $\mathcal{E}_p(x) = Ax^2 + \mathcal{E}_0$ avec $A = \text{cste} > 0$.

En l'absence de force de frottements (oscillateur non amorti) l'énergie mécanique se conserve, donc

$$\mathcal{E}_m = \mathcal{E}_p + \mathcal{E}_c = \text{ cste}$$

Soit,

$$d\mathcal{E}_p = -d\mathcal{E}_c$$

Comme $\mathcal{E}_p(x) = Ax^2 + \mathcal{E}_0$, alors $d\mathcal{E}_p = 2Axdx$, et par suite :

$$d\mathcal{E}_c = -2Axdx$$

Ainsi $\delta W = -2Axdx$ (car $d\mathcal{E}_c = \delta W$, d'après le théorème de l'énergie cinétique).
Comme $\delta W = \overrightarrow{F}.\overrightarrow{dl} = F(x).dx$, alors :

$$F(x) = -2Ax$$

La relation précédente montre bien que $F(x)$ et x sont de signes opposés : le vecteur force $\overrightarrow{F}$ correspond donc bien à une force de rappel qui tend à ramener l'oscillateur vers sa position d'équilibre stable, soit ici $x_{\text{eq}} = 0$.

2. Étude de l'oscillateur harmonique

Comment traiter un problème d'oscillateur harmonique ?

L'oscillateur étant défini, les oscillations se font autour d'une position d'équilibre stable :

$x_{\text{eq}} = 0$	cas du pendule élastique horizontal
$\theta_{\text{eq}} = 0$	cas du pendule simple

Par exemple, dans le cas du pendule élastique, la méthode à suivre est la suivante :

1. On détermine la position d'équilibre stable, x_{eq}, du système autour de laquelle on souhaite étudier les oscillations par une étude dynamique ou une étude énergétique.

2. On applique la 2e loi de Newton au système étudié.
On aboutit à une équation différentielle du second ordre régissant le mouvement du paramètre oscillant $x(t)$.

3. On met l'équation différentielle sous la forme :

$\ddot{x} + \omega_0^2 x = 0$	x en m $\ddot{x}$ en m.s^{-2} ω_0 en rad.s^{-1}

Les solutions de cette équation différentielle sont de la forme :

$x(t) = A\cos(\omega_0 t + \varphi)$	x et A en m ω_0 en rad.s^{-1} t en s φ en rad

A et φ sont des constantes à déterminer à partir des conditions initiales $x(0)$ et $\dot{x}(0)$.

Remarque : La solution générale peut aussi être recherchée sous la forme :

$$x(t) = A\cos\omega_0 t + B\sin\omega_0 t$$

En explicitant les conditions initiales (à $t = 0$) dans les expressions de $x(t)$ et $\dot{x}(t)$, il vient :

$$x(t) = A\cos\omega_0 t + \frac{\dot{x}_0}{\omega_0}\sin\omega_0 t$$

Étude du pendule élastique horizontal

Le système est constitué d'un solide de masse m qui peut coulisser sans frottement sur un axe horizontal. Il est attaché à l'extrémité d'un ressort de constante de raideur k et l'autre extrémité du ressort est fixe.

Étude dynamique

Le système étudié est le solide de masse m et de centre d'inertie G.

On écarte le solide de sa position d'équilibre de $x = a$ puis on le lâche sans vitesse initiale.

Dans le référentiel terrestre supposé galiléen, le système est soumis à trois forces : son poids $\overrightarrow{P}$, la réaction normale de l'axe $\overrightarrow{R_N}$ et la force de rappel du ressort $\overrightarrow{T}$ (Fig. 3.5).

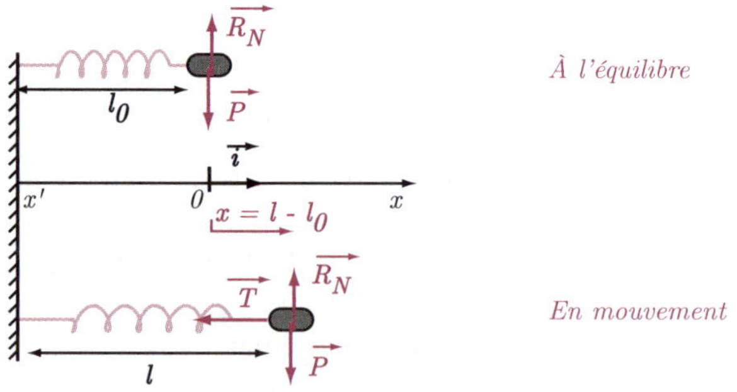

Figure 3.5

Pour les oscillateurs mécaniques, les équations différentielles découlent directement de la 2e loi de Newton.

À l'équilibre : $\overrightarrow{P} + \overrightarrow{R_N} = \overrightarrow{0}$

En mouvement : $\overrightarrow{P} + \overrightarrow{R_N} + \overrightarrow{T} = m\overrightarrow{a}$

Soit, après projection sur l'axe $x'Ox$:

$$-kx = m\ddot{x}$$

D'où :

$$\ddot{x} + \frac{k}{m}x = 0$$

En posant $\omega_0^2 = \dfrac{k}{m}$, on retrouve l'équation différentielle du second ordre, équation de l'oscillateur harmonique.

L'évolution dans le temps des variables du système sera donnée par la résolution d'équations différentielles linéaires à coefficients constants, du moins dans le cas des mouvements de faible amplitude

Les solutions sont de la forme :

$$x(t) = A\cos(\omega_0 t + \varphi) \qquad (1)$$

À $t = 0$, on a $\begin{cases} x(0) = a \\ \text{et} \\ \dot{x}(0) = 0 \end{cases}$

Déterminons $\dot{x}(t)$.

Comme $x(t) = A\cos(\omega_0 t + \varphi)$, alors :

$$\dot{x}(t) = -A\omega_0 \sin(\omega_0 t + \varphi) = A\omega_0 \cos\left(\omega_0 t + \varphi + \frac{\pi}{2}\right) \qquad (2)$$

Les conditions initiales appliquées aux équations (1) et (2) donnent :

$$\begin{cases} x(0) = A\cos(\varphi) = a & (1) \\ \text{et} \\ \dot{x}(0) = -A\omega_0 \sin(\varphi) = 0 & (2) \end{cases}$$

Comme A et ω_0 sont non nulles alors

$$\begin{cases} A\cos(\varphi) = a \\ \text{et} \\ \sin(\varphi) = 0 \end{cases}, \quad \text{soit} \quad \begin{cases} A = a \\ \text{et} \\ \varphi = 0 \end{cases}$$

Les oscillations d'un pendule élastique non amorti sont sinusoïdales (on dit aussi harmoniques).
La période propre des oscillations est

$$T_0 = \frac{2\pi}{\omega_0} = 2\pi\sqrt{\frac{m}{k}}.$$

T_0 ne dépend que des paramètres mécaniques de l'oscillateur : son inertie (masse m) et la constante k du ressort.

La solution cherchée s'écrit donc :

$$x(t) = a\cos\omega_0 t \qquad \text{avec} \quad \omega_0 = \sqrt{\frac{k}{m}}$$

Étude énergétique

• Énergie mécanique du système

L'énergie mécanique du système est égale à la somme de son énergie potentielle et de son énergie cinétique, soit :

$$\mathcal{E}_m = \mathcal{E}_p + \mathcal{E}_c \qquad \text{avec} \quad \begin{aligned} \mathcal{E}_p &= \frac{1}{2}kx^2 \\ \mathcal{E}_c &= \frac{1}{2}mv^2 = \frac{1}{2}m\dot{x}^2 \end{aligned}$$

Comme $x(t) = a\cos\omega_0 t$, alors $\dot{x}(t) = -a\omega_0 \sin\omega_0 t$.

Ainsi :

$$\mathcal{E}_m = \frac{1}{2}m\dot{x}^2 + \frac{1}{2}kx^2 = \frac{1}{2}m.(-a\omega_0 \sin\omega_0 t)^2 + \frac{1}{2}k.(a\cos\omega_0 t)^2$$

Par suite, $$\mathcal{E}_m = \frac{1}{2}ma^2\omega_0^2 \sin^2\omega_0 t + \frac{1}{2}ka^2\cos^2\omega_0 t$$

Comme $\omega_0^2 = \dfrac{k}{m}$, alors :

$$\mathcal{E}_m = \frac{1}{2}ma^2\frac{k}{m}\sin^2\omega_0 t + \frac{1}{2}ka^2\cos^2\omega_0 t$$

$$\mathcal{E}_m = \frac{1}{2}ka^2(\sin^2\omega_0 t + \cos^2\omega_0 t)$$

Soit, $$\mathcal{E}_m = \frac{1}{2}ka^2 = \text{cste}$$

En l'absence de frottement, le pendule élastique est un système conservatif : son énergie mécanique est constante.

Remarque : On peut retrouver l'équation différentielle à partir de considération énergétique. En effet, en dérivant la grandeur $\mathcal{E}_m = \frac{1}{2}m\dot{x}^2 + \frac{1}{2}kx^2$ par rapport au temps, on obtient :

On rappelle que : $(u^2)' = 2u.u'$

$$\frac{1}{2}m.(2\dot{x}\ddot{x}) + \frac{1}{2}k.(2x\dot{x}) = 0$$

En simplifiant par $\dot{x}$, il vient :

$$m\ddot{x} + kx = 0, \quad \text{soit} \quad \ddot{x} + \frac{k}{m}x = 0$$

On retrouve donc l'équation différentielle de l'oscillateur harmonique.

- **Transformations énergétiques**

Les transformations, énergie potentielle élastique $\mathcal{E}_p \leftrightarrows$ énergie cinétique $\mathcal{E}_c$, du pendule élastique peuvent être suivies sur les diagrammes ci-dessous (Fig. 3.6) :

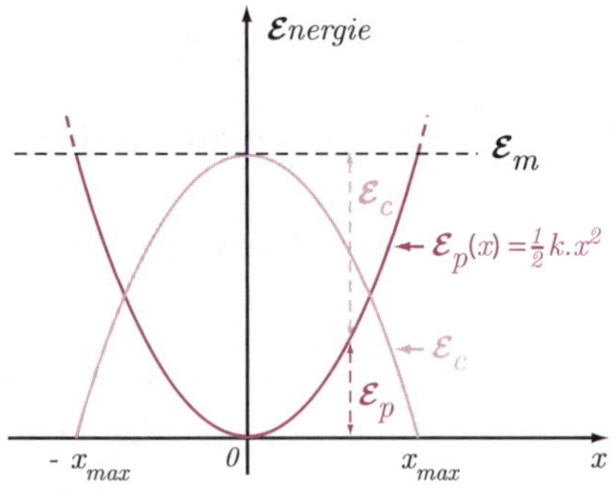

Figure 3.6

QCM

3.1 Un oscillateur élastique horizontal est constitué d'un ressort de masse négligeable, de raideur k et d'un solide de masse m. On donne une compression x_0 au système et on le libère. La période des oscillations est T_0. On remplace le solide de masse m par un autre solide de masse m' puis on libère l'oscillateur dans les mêmes conditions que précédemment. La période augmente de 50 %.

Quelle relation existe-t-iI entre l'énergie cinétique maximale $\mathcal{E}_{c\,\max}$ du solide de masse m et l'énergie cinétique maximale $\mathcal{E}'_{c\,\max}$ du solide de masse m' ?

❑ **a.** $\mathcal{E}'_{c\,\max} = \frac{2}{5}\mathcal{E}_{c\,\max}$ ❑ **b.** $\mathcal{E}'_{c\,\max} = \frac{2}{3}\mathcal{E}_{c\,\max}$ ❑ **c.** $\mathcal{E}'_{c\,\max} = \mathcal{E}_{c\,\max}$

❑ **d.** $\mathcal{E}'_{c\,\max} = \frac{3}{2}\mathcal{E}_{c\,\max}$ ❑ **e.** $\mathcal{E}'_{c\,\max} = \frac{9}{4}\mathcal{E}_{c\,\max}$

3.2 Une horloge à balancier, assimilable à un pendule simple, est construite pour être exacte au niveau de la mer. On l'emmène au sommet du mont Blanc, où son fonctionnement est perturbé.

Comment modifier l'horloge pour qu'elle soit à nouveau exacte ?

❑ **a.** Diminuer la longueur du balancier. ❑ **b.** Allonger le balancier.

❑ **c.** Augmenter la masse à l'extrémité du balancier. ❑ **d.** Diminuer la masse à l'extrémité du balancier.

❑ **e.** Modifier l'amplitude du mouvement du balancier.

3.3 Un oscillateur élastique est constitué d'un solide de masse m attaché à l'extrémité d'un ressort à spires non jointives, de masse négligeable et de constante de raideur $k = 10{,}0\ \text{N. m}^{-1}$. Le solide S oscille sans frottement selon un axe horizontal $x'Ox$. On repère la position, à l'instant t, du centre d'inertie G du solide par l'abscisse $x(t)$. L'origine O du repère correspond à la position du centre d'inertie G à l'équilibre (Fig. 3.9).

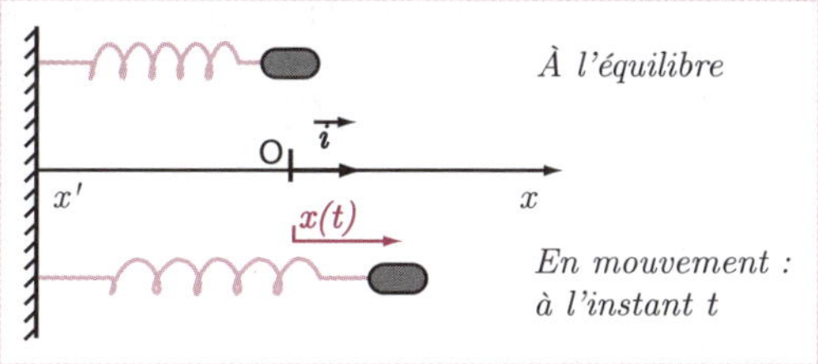

Figure 3.7

L'équation horaire du mouvement s'écrit :

$$x(t) = 8{,}00.10^{-2}\cos(10{,}0.t + 0{,}500) \quad \left|\begin{array}{lll} x(t) & \text{en} & \text{m} \\ t & \text{en} & \text{s} \end{array}\right.$$

Parmi les affirmations suivantes, lesquelles sont exactes ?

❑ **a.** À l'instant $t = 0$, le solide est lâché sans vitesse initiale.

❑ **b.** L'énergie mécanique de l'oscillateur est de 7,2 mJ.

❑ **c.** La vitesse maximale du solide est $v_{\max} = 0{,}800\ \text{m. s}^{-1}$.

❑ **d.** La masse m du solide est de 100 g.

❑ **e.** L'accélération maximale du solide est $9{,}00\ \text{m. s}^{-2}$.

Exercices

3.4 Étude d'un pendule simple

Un pendule simple est constitué d'une bille de masse $m = 200$ g et de centre d'inertie G. Cette bille, assimilable à un objet ponctuel, est accrochée à l'extrémité O d'un fil inextensible de longueur $l = 80$ cm et de masse négligeable (Fig. 3.8).

On écarte le pendule de sa position d'équilibre d'un angle $\theta_0 = 10°$ avec la verticale et on le lâche sans vitesse initiale.

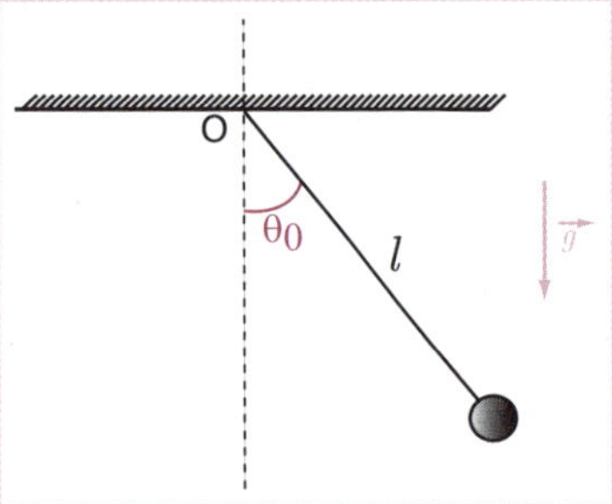

Figure 3.8

I. Dans cette partie, on supposera les frottements négligeables.

1. On propose les expressions suivantes de la période propre T_0 de cet oscillateur :

a) $T_0 = 2\pi\sqrt{\dfrac{m}{g}}$ **b)** $T_0 = 2\pi\sqrt{\dfrac{l}{m}}$

c) $T_0 = 2\pi\sqrt{\dfrac{l}{g}}$

Par analyse dimensionnelle, choisir l'expression correcte de la période propre T_0.

Calculer numériquement T_0.

On prendra $g = 9{,}8$ m. s^{-2}.

2. On prend comme référence pour l'énergie potentielle de pesanteur le plan horizontal comprenant la position d'équilibre de la bille. On repère la position du pendule à un instant quelconque par la valeur de l'angle θ que fait le fil avec la verticale ; $\theta \in [-\theta_0 ; +\theta_0]$.

a) Comment évolue l'énergie mécanique $\mathcal{E}_m$ du sytème {terre, pendule} au cours du temps ?

b) Montrer que l'énergie mécanique du système a pour expression :

$$\mathcal{E}_m = mgl(1 - \cos\theta_0)$$

c) Calculer numériquement $\mathcal{E}_m$.

d) Calculer la valeur de la vitesse de la bille lors du passage par la position d'équilibre.

e) Pour quelle(s) valeur(s) de l'angle θ l'énergie cinétique $\mathcal{E}_c$ est-elle égale à l'énergie potentielle de pesanteur $\mathcal{E}_{pp}$?

3. a) Dans le cas d'oscillations de faible amplitude, déterminer l'équation régissant le mouvement de ce pendule.

b) Donner la solution $\theta(t)$ puis l'allure de la courbe $\theta = f(t)$.

II. En réalité, les oscillations du pendule s'amortissent progressivement. On suppose que la puissance des forces de frottements peut s'écrire sous la forme $\mathcal{P} = -\lambda v^2$ où λ représente le coefficient de frottement.

1. Établir l'équation différentielle vérifiée par θ.

2. Donner l'allure de la courbe $\theta = f(t)$ si les frottements sont faibles.

3.5 Oscillations d'un glaçon

Soit un cube de glace d'arête h placé à la surface de l'eau contenue dans une cuve. L'altitude de la surface de l'eau est supposée constante, le volume de la cuve étant très grand devant celui du glaçon. Soit $z(t)$ l'ordonnée de la surface inférieure du glaçon (Fig. 3.9).

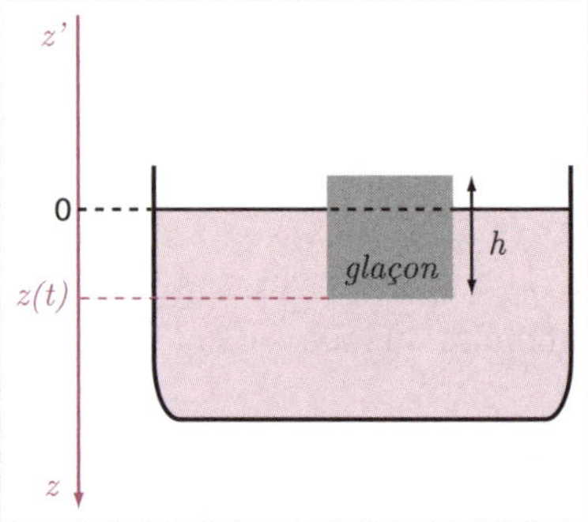

Figure 3.9

1. Établir la relation entre l'ordonnée à l'équilibre $z_{éq}$ et l'arête h lorsque le glaçon est immobile.

On donne :

- Masse volumique de l'eau : $\rho_{eau} = 1$ g.mL^{-1}
- Masse volumique de la glace : $\rho_{glace} = 0{,}9$ g.mL^{-1}

2. On enfonce le cube de glace jusqu'à ce que sa face inférieure soit à une ordonnée z_0 telle que $z_{éq} < z_0 < h$ puis on lâche le cube sans vitesse initiale.

a) Les frottements sont supposés négligeables.

Établir l'équation différentielle du mouvement du glaçon. Montrer qu'elle est de la forme :

$$\frac{d^2z}{dt^2} + \omega_0^2 z = g$$

où ω_0 est une constante que l'on précisera.

b) L'équation différentielle a pour solution

$$z(t) = A\cos(\omega_0 t) + B\sin(\omega_0 t) + C$$

Exprimer les constantes A, B et C en fonction de z_{eq} et z_0

Corrigés

QCM

3.1 L'affirmation correcte est c.

L'oscillateur est non amorti, l'énergie mécanique se conserve :

$$\mathcal{E}_m = \mathcal{E}_c + \mathcal{E}_p = \frac{1}{2}kx_0^2$$

Lorsque l'énergie cinétique est maximale, l'énergie potentielle est minimale (nulle) et vice-versa. Les conditions initiales étant identiques, l'énergie cinétique maximale reste donc constante.

3.2 L'affirmation correcte est a.

On rappelle que la période propre d'un pendule simple de longueur l dans un lieu où la valeur du champ de pensanteur est g, est donnée par :

$$T_0 = 2\pi\sqrt{\frac{l}{g}}$$

Au sommet du Mont Blanc, g est plus faible qu'au niveau de la mer (g diminue avec l'altitude) : pour conserver la même période, il faut donc diminuer la longueur l du balancier.

3.3 Les affirmations correctes sont c. et d.

• Comme $x(t) = 8{,}00.10^{-2}\cos(10{,}0.t + 0{,}500)$, alors la vitesse est :

$$\dot{x}(t) = -10{,}0 \times 8{,}00.10^{-2}\sin(10{,}0.t + 0{,}500) = -8{,}00.10^{-1}\sin(10{,}0.t + 0{,}500)$$

Donc, à $t = 0$, $\dot{x}(0) = -8{,}00.10^{-1}\sin(0{,}500) = -0{,}380$ m. s^{-1}.

• L'énergie mécanique d'un oscillateur amorti est constante et :

$$\mathcal{E}_m = \frac{1}{2}ka^2 \quad \text{où } a = x_{\max} \text{ représente l'amplitude des oscillations}$$

On a $a = 8{,}00.10^{-2}$ m et $k = 10{,}0$ N. m^{-1}.

Numériquement : $\mathcal{E}_m = \frac{1}{2} \times 10{,}0 \times \left(8{,}00.10^{-2}\right)^2 = 0{,}0320$ J, soit 32,0 mJ.

• On a vu que $\dot{x}(t) = -8{,}00.10^{-1}\sin(10{,}0.t + 0{,}500)$, de la forme $\dot{x}(t) = -v_{\max}\sin(10{,}0.t + 0{,}500)$. Donc $v_{\max} = 0{,}800$ m. s^{-1}.

• On a $\omega_0 = 10{,}0$ rad. s^{-1}.

Comme $\omega_0^2 = \frac{k}{m}$, alors $m = \frac{k}{\omega_0^2}$.

Numériquement : $m = \dfrac{10,0}{(10,0)^2} = 0,100$ g, soit 100 mg.

- On a $\dot{x}(t) = -0,800\sin(10,0.t + 0,500)$, donc :

$$\ddot{x}(t) = -0,800 \times 10,0\cos(10,0t + 0,500) = -8,00\cos(10,0.t + 0,500)$$

L'accélération maximale vaut donc 8,00 m. s^{-2}.

Exercices

3.4

I. Oscillateur harmonique

1. Supposons que la période T_0 s'exprime par une relation de la forme :

$$T_0 = \text{Cste}\,.m^{\alpha} l^{\beta} g^{\gamma}$$

La relation doit être homogène, donc

$$[T_0] = [m]^{\alpha}\,[l]^{\beta}\,[g]^{\gamma}$$

Comme $[m] = M$, $[l] = L$ et $[g] = L.T^{-2}$, alors :

$$[T_0] = T = M^{\alpha}.L^{\beta}.\left(L.T^{-2}\right)^{\gamma} = M^{\alpha}.L^{\beta+\gamma}.T^{-2\gamma}$$

L'identification des exposants des différentes dimensions conduit à :

$$\begin{cases} \alpha = 0 \\ \beta + \gamma = 0 \\ -2\gamma = 1 \end{cases} \quad \text{d'où} \quad \begin{cases} \alpha = 0 \\ \beta = \dfrac{1}{2} \\ \gamma = -\dfrac{1}{2} \end{cases}$$

La période du pendule simple s'écrit donc :

$$T_0 = \text{Cste}\,.l^{\frac{1}{2}} g^{-\frac{1}{2}} = \text{Cste}\sqrt{\frac{l}{g}}$$

L'expression correcte est donc :

$$T_0 = 2\pi\sqrt{\frac{l}{g}}$$

Numériquement : $T_0 = 2\pi\sqrt{\dfrac{0,80}{9,8}} \simeq 1,8$ s

2. a) Les frottements sont négligeables : l'énergie mécanique du système se conserve.

b) Le poids $\overrightarrow{P}$ est une force conservative et dérive d'une énergie potentielle $\mathcal{E}_p$ telle que :

$$\delta W = d\mathcal{E}_p$$

Soit

$$W(\overrightarrow{P})_{1\mapsto 2} = -\int_1^2 d\mathcal{E}_p = -(\mathcal{E}_{p2} - \mathcal{E}_{p1}) = \mathcal{E}_{p1} - \mathcal{E}_{p2}$$

Déterminons le travail du poids $\overrightarrow{P}$ au cours du passage du centre d'inertie du solide de la position G_0 (position 1) à la position A (position 2) (Fig. 3.10).

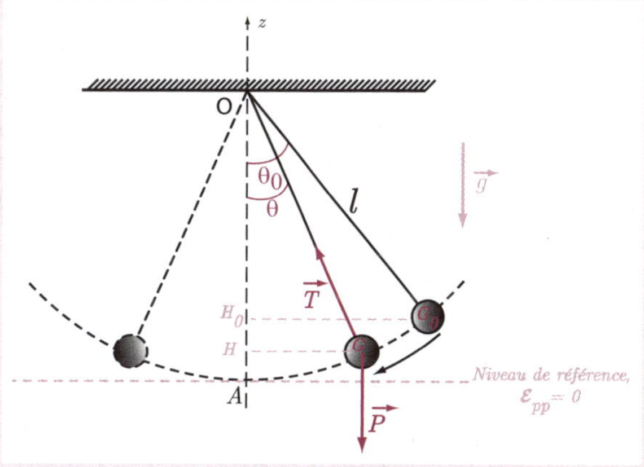

Figure 3.10

On a $W(\overrightarrow{P})_{1\mapsto 2} = mgz$ avec $z = OA - OH_0$

Comme $OA = l$ et $OH_0 = l\cos\theta_0$ (le triangle OH_0G_0 est rectangle en H_0), alors :

$$z = l - l\cos\theta_0$$

et par suite :

$$W(\overrightarrow{P})_{1\mapsto 2} = mgl(1 - \cos\theta_0)$$

$\mathcal{E}_{p2} = 0$ (niveau de référence des énergies potentielles de pesanteur), d'où :

$$\mathcal{E}_{p1} = mgl(1 - \cos\theta_0)$$

L'énergie mécanique est égale à la somme de l'énergie cinétique et de l'énergie potentielle de pesanteur, soit :

$$\mathcal{E}_m = \mathcal{E}_c + \mathcal{E}_{pp}$$

En (1) la vitesse est nulle, donc $\mathcal{E}_{c1} = 0$.
D'où

$$\mathcal{E}_m = \mathcal{E}_{m1} = mgl(1 - \cos\theta_0)$$

c) Application numérique :
$\mathcal{E}_m = \mathcal{E}_{m1} = 0{,}200 \times 9{,}8 \times 0{,}80 \times (1 - \cos 10) \simeq 0{,}024$ J, soit 24 mJ

d) L'énergie mécanique se conserve, donc :

$$\mathcal{E}_{m1} = \mathcal{E}_{m2}, \quad \text{soit} \quad \frac{1}{2}mv^2 = mgl(1 - \cos\theta_0).$$

On en déduit :

$$v = \sqrt{2gl(1 - \cos\theta_0)}$$

Application numérique :

$$v = \sqrt{2 \times 9{,}8 \times 0{,}80 \times (1 - \cos 10)} \simeq 0{,}49 \text{ m. s}^{-1}.$$

e) On a $\mathcal{E}_c = \mathcal{E}_{pp}$ lorsque :

$$\mathcal{E}_c = \mathcal{E}_{pp} = \frac{1}{2}\mathcal{E}_m$$

soit $$mgl(1 - \cos\theta) = \frac{1}{2}mgl(1 - \cos\theta_0)$$

ou encore $$1 - \cos\theta = \frac{1}{2} - \frac{1}{2}\cos\theta_0$$

d'où : $$\cos\theta = \frac{1}{2}(1 + \cos\theta_0)$$

Soit numériquement : $\theta = \cos^{-1}\left[\frac{1}{2}(1 + \cos 10)\right] \simeq 7{,}1\ °$

3. a) L'énergie mécanique du système se conserve, donc $\mathcal{E}_m =$ cste et par suite $\dfrac{d\mathcal{E}_m}{dt} = 0$.

On a :

$$\mathcal{E}_m = \mathcal{E}_{pp} + \mathcal{E}_c = mgz + \frac{1}{2}mv^2 \quad \text{avec} \quad \left|\begin{array}{c} z = l(1 - \cos\theta) \\ \text{et} \\ v = l\dot{\theta} \end{array}\right.$$

D'où :

$$\mathcal{E}_m = mgl(1 - \cos\theta) + \frac{1}{2}m(l\dot{\theta})^2$$

En dérivant la grandeur $\mathcal{E}_m = mgl(1 - \cos\theta) + \frac{1}{2}m(l\dot{\theta})^2$ par rapport au temps, on obtient :

$$mgl(\sin\theta.\dot{\theta}) + \frac{1}{2}m.(2l^2\dot{\theta}\ddot{\theta}) = 0$$

Soit $$g\sin\theta + l\ddot{\theta} = 0$$

Dans le cas des oscillations de faibles amplitudes, on a $\sin\theta \simeq \theta$, donc l'équation devient :

$$g\theta + l\ddot{\theta} = 0$$

soit encore : $$\ddot{\theta} + \frac{g}{l}\theta = 0$$

C'est l'équation différentielle de l'oscillateur harmonique. Les oscillations sont donc sinusoïdales, de pulsation propre $\omega_0 = \sqrt{\dfrac{g}{l}}$. La période propre T_0 des oscillations est :

$$T_0 = \frac{2\pi}{\omega_0} = 2\pi\sqrt{\frac{l}{g}}.$$

b) Une solution de l'équation $\ddot{\theta} + \dfrac{g}{l}\theta = 0$ est de la forme

$$\theta(t) = A\cos(\omega_0 t + \varphi) \quad \text{avec} \quad \omega_0 = \sqrt{\frac{g}{l}}$$

et donc : $$\dot{\theta}(t) = -A\omega\sin(\omega_0 t + \varphi)$$

Avec les conditions initiales, à $t = 0$ $\left\{\begin{array}{c} \theta(0) = \theta_0 \\ \text{et} \\ \dot{\theta}(0) = 0 \end{array}\right.$

En appliquant les conditions initiales à $\theta(t)$ et à $\dot{\theta}(t)$, on obtient le système :

$$\left\{\begin{array}{c} \theta(0) = A\cos(\varphi) = \theta_0 \\ \text{et} \\ \dot{\theta}(0) = -A\omega_0\sin(\varphi) = 0 \end{array}\right.$$

La deuxième équation donne $\sin(\varphi) = 0$, d'où $\left\{\begin{array}{c} \varphi = 0 \\ \text{ou} \\ \varphi = \pi \end{array}\right.$

La solution $\varphi = \pi$ entraîne $A < 0$. Comme A est une amplitude (donc une grandeur positive), alors la seule solution qui convient est $\varphi = 0$.
Il en résulte donc $A = \theta_0$.

Conclusion : la solution cherchée s'écrit

$$\theta(t) = \theta_0\cos(\omega_0 t) \quad \text{avec} \quad \omega_0 = \sqrt{\frac{g}{l}}$$

L'évolution de $\theta(t)$ est donnée par le graphe ci-après (Fig. 3.11).

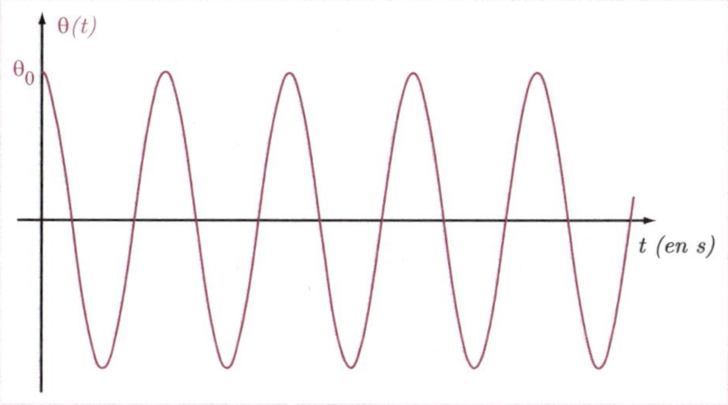

Figure 3.11

II. Oscillateur faiblement amorti

1. La puissance cinétique de la force de frottement $\overrightarrow{f}$ est telle que :

$$\mathcal{P} = \overrightarrow{f}.\overrightarrow{v} = -f.v \text{ car } \overrightarrow{f} \text{ et } \overrightarrow{v} \text{ sont opposées}$$

Comme $\mathcal{P} = -\lambda v^2$ alors $\overrightarrow{f} = \lambda\overrightarrow{v}$ (force de frottement fluide).

La 2e loi de Newton appliquée au système donne :

$$\overrightarrow{P} + \overrightarrow{T} + \overrightarrow{f} = m\overrightarrow{a}$$

Le mouvement est un mouvement plan circulaire : on choisit donc le repère mobile de Frenet comme repère de projection (Fig.3.12).

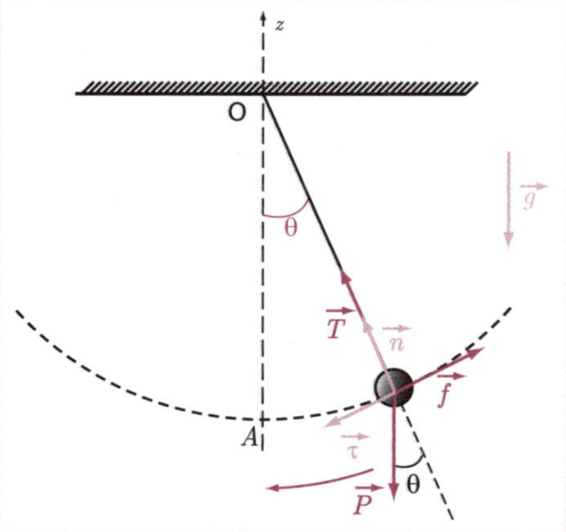

Figure 3.12

Après projection selon $\overrightarrow{\tau}$, l'équation devient :

$$P\sin\theta - \lambda v = m\frac{dv}{dt}$$

Comme $v = \dot{\theta}l$ (mouvement circulaire), alors :

$$mg\sin\theta - \lambda\dot{\theta}l = m\frac{d(\dot{\theta}l)}{dt} = ml\ddot{\theta}$$

Dans le cas des oscillations de faibles amplitudes, on a : $\sin\theta \simeq \theta$, et par suite

$$\ddot{\theta} + \frac{\lambda}{m}\dot{\theta} + \frac{g}{l}\theta = 0$$

En posant $\tau = \dfrac{m}{\lambda}$ et $\omega_0^2 = \dfrac{g}{l}$, l'équation devient :

$$\ddot{\theta} + \frac{1}{\tau}\dot{\theta} + \omega_0^2\theta = 0$$

La constante $\tau = \dfrac{m}{\lambda}$ a la dimension d'un temps. Si λ est assez faible pour que le pendule garde un comportement oscillatoire, τ donne un ordre de grandeur du temps que met le système pour regagner sa position d'équilibre stable. τ correspond au temps de relaxation de l'oscillateur : τ est grand si λ est faible (oscillateur faiblement amorti).

2. Les frottements sont faibles : le coefficient λ est petit, donc $\tau = \dfrac{m}{\lambda}$ est grand. Le régime est un régime pseudo-périodique faiblement amorti (Fig. 3.13).

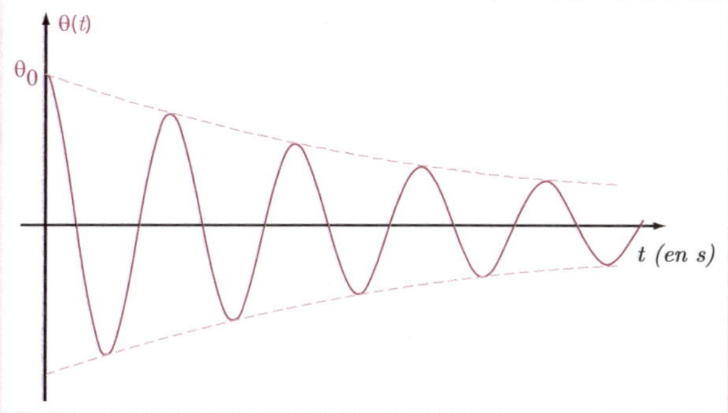

Figure 3.13

3.5

1. Système étudié : {le glaçon de masse m et de centre d'inertie G}.

Le glaçon est soumis à deux forces : son poids $\overrightarrow{P}$ et la poussée d'Archimède $\overrightarrow{F_A}$.

L'équilibre du glaçon se traduit par :

$$\overrightarrow{P} + \overrightarrow{F_A} = \overrightarrow{0}$$

Soit, après projection selon l'axe Oz :

$$P - F_A = 0$$

Comme :

$$P = \rho_g V g = \rho_g.S.h.g$$

et

$$F_A = \rho_{\text{eau}} V_{f.d}.g = \rho_{\text{eau}}.S.z_{\text{eq}}.g$$

où S représente la surface latérale du cube

alors :

$$\rho_{\text{glace}}.S.h.g - \rho_{\text{eau}}.S.z_{\text{eq}}.g = 0,$$

Soit
$$z_{\text{eq}} = \frac{\rho_{\text{glace}}}{\rho_{\text{eau}}}.h \qquad (1)$$

Application numérique : $z_{\text{eq}} = 0{,}9h$

2. En cours d'oscillations, appliquons la 2e loi de Newton au glaçon lorsque l'ordonnée de la surface inférieure du glaçon vaut $z(t)$:

$$m\frac{d\overrightarrow{v}}{dt} = \overrightarrow{P} + \overrightarrow{F_A}$$

Après projection selon l'axe Oz, il en résulte :

$$m\frac{d^2z}{dt^2} = \rho_g.S.h.g - \rho_{\text{eau}}.S.z.g$$

Comme $m = \rho_{\text{glace}}.S.h$, alors :

$$\frac{d^2z}{dt^2} + \frac{g.\rho_{\text{eau}}}{h.\rho_{\text{glace}}}z = g \qquad (2)$$

On a établi que $\dfrac{h.\rho_{\text{glace}}}{\rho_{\text{eau}}} = z_{eq}$.

Ainsi l'équation (2) devient :

$$\frac{d^2z}{dt^2} + \frac{g}{z_{\text{eq}}}z = g$$

Équation de la forme :

$$\frac{d^2z}{dt^2} + \omega_0^2.z = g, \quad \text{avec} \quad \omega_0^2 = \frac{g}{z_{\text{eq}}} \qquad (3)$$

La pulsation propre de l'oscillateur harmonique est :

$$\omega_0 = \sqrt{\frac{g}{z_{\text{eq}}}}$$

b) Exprimons les constantes A, B et C en fonction de z_{eq} et z_0.

Les solutions de l'équation sont de la forme :

$$z(t) = A\cos(\omega_0 t) + B\sin(\omega_0 t) + C \qquad (3)$$

D'après les conditions initiales, à $t = 0$ $\begin{cases} z(0) = z_0 \\ \text{et} \\ \dot{z}(0) = 0 \end{cases}$

Déterminons $\dot{z}(t)$.

$$\dot{z}(t) = -A\omega_0\sin(\omega_0 t) + B\omega_0\cos(\omega_0 t)$$

Les conditions initiales donnent :

$$z(0) = A + C = z_0 \qquad (4)$$

et

$$\dot{z}(0) = B\omega_0 = 0 \qquad (5)$$

L'équation (5) donne $B = 0$.

Ainsi, l'équation (3) devient :

$$z(t) = A\cos(\omega_0 t) + C \qquad (6)$$

L'équation précédente est solution de l'équation différentielle (2) si et seulement si elle satisfait cette équation.

Déterminons $\ddot{z}(t)$ puis injectons les expressions de $\ddot{z}(t)$ et $z(t)$ dans l'équation (2).

De $z(t) = A\cos(\omega_0 t) + C$, on déduit

$$\dot{z}(t) = -A\omega_0\sin(\omega_0 t) \quad \text{et} \quad \ddot{z}(t) = -A\omega_0^2\cos(\omega_0 t).$$

L'équation (2) donne :

$$-A\omega_0^2\cos(\omega_0 t) + \omega_0^2.(A\cos(\omega_0 t) + C) = g$$

D'où
$$C = \frac{g}{\omega_0^2} = \frac{g}{\frac{g}{z_{\text{eq}}}} = z_{\text{eq}}$$

et par suite $A = C - z_0 = z_{\text{eq}} - z_0$

La solution cherchée est donc :

$$z(t) = (z_{\text{eq}} - z_0)\cos(\omega_0 t) + z_{\text{eq}} \quad \text{avec} \quad \omega_0 = \sqrt{\frac{g}{z_{\text{eq}}}}$$

Le gaz parfait 4

1. Aspect microscopique d'un gaz

Le molécules d'un gaz sont-elles en mouvement ?

Un gaz est formé de molécules (ou d'atomes) suffisamment éloignées les unes des autres et qui s'agitent en tous sens.

La plupart des gaz sont constitués de molécules, mais il existe des gaz d'atomes (gaz rares) et des gaz d'ions (les plasmas)

• **Un gaz est un milieu dilué**. En effet, à pression ordinaire, le volume propre des molécules constituant le gaz est des milliers de fois plus petit que le volume total au sein duquel évoluent ces molécules.

• **Un gaz est un milieu désordonné** : l'agitation des molécules est permanente. Au cours de leur mouvement, les molécules s'entrechoquent ou rebondissent sur les parois du récipient qui les contient. Entre deux chocs successifs, le mouvement est pratiquement rectiligne uniforme. Comme les chocs ont lieu au hasard, la trajectoire d'une molécule d'un gaz peut être considérée comme une ligne brisée (trajectoire en zig-zag) (Fig.4.1).

Dans les conditions ordinaires, une molécule subit environ 10 milliards de chocs par seconde.

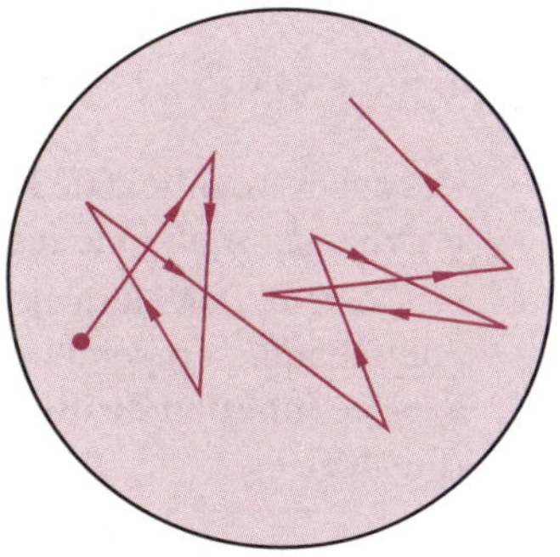

Figure 4.1

Cette agitation désordonnée des molécules est appelée **mouvement brownien** (mouvement décrit pour la première fois par le biologiste Robert Brown en 1827).

Le mouvement brownien est une manifestation directe de l'agitation incessante, appelée **agitation thermique**, qui anime les molécules d'un gaz.

En résumé :

D'un point de vue microscopique, un gaz est un ensemble de molécules éloignées et indépendantes les unes des autres en perpetuel mouvement.

Qu'est ce qu'un gaz parfait ?

Aux faibles pressions, les gaz réels tendent vers l'état parfait.

Le modèle des gaz parfaits est défini à partir d'hypothèses :

Un gaz parfait est constitué de molécules assimilables à des sphères dures dont le diamètre est négligeable devant la distance moyenne séparant les molécules. De même, les molécules sont sans interaction entre elles et les collisions entre molécules (et molécules et parois) sont supposées élastiques.

En résumé :

- **Le volume offert au gaz est pratiquement égal au volume du récipient ;**
- **entre deux chocs consécutifs, le mouvement des molécules est rectiligne uniforme ;**
- **l'énergie microscope des molécules est purement cinétique.**

De quelle grandeur dépend l'énergie cinétique d'une molécule d'un gaz parfait ?

En PCEM1, vous montrerez que la valeur moyenne de l'énergie cinétique de translation des molécules ne dépend que de la température :

$\mathcal{E}_c = \frac{3}{2}k_B T$	$\mathcal{E}_c$: énergie cinétique moyenne de translation en J $k_B = \frac{R}{\mathcal{N}_A}$: constante de Boltzmann en J. K^{-1} T : température absolue en K

Toutes les molécules d'un gaz ont-elles la même vitesse ?

Les chocs modifient de façon aléatoire les vitesses des molécules. À un instant t donné, les vitesses sont donc réparties au hasard.

Des calculs statistiques permettent de calculer les valeurs moyennes des vitesses pour chaque température. Ces vitesses sont réparties selon une distribution continue appelée **fonction de distribution** des vitesses (**Distribution de Maxwell-Boltzmann**) (Fig.4.2).

Les vitesses v_P, $\overline{v}$ et u sont proportionnelles à $\sqrt{T}$.

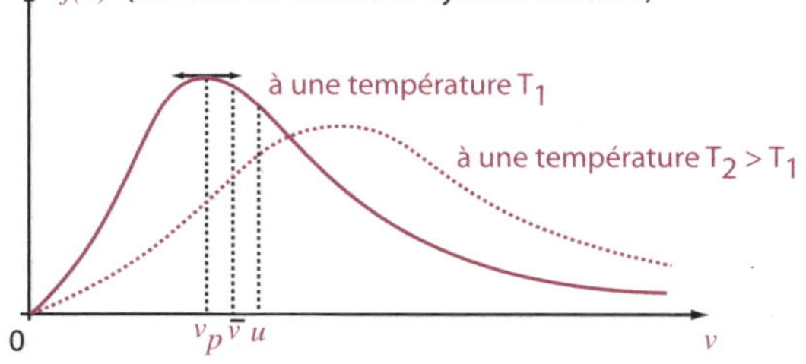

Figure 4.2

• Dans l'interprétation microscopique intervient la **vitesse quadratique moyenne** notée u.

Si v_i représente la vitesse de N_i molécules, la vitesse quadratique moyenne est définie par :

$u^2 = \frac{\sum_i N_i v_i^2}{N}$ soit $u = \sqrt{\frac{\sum_i N_i v_i^2}{N}}$	u : vitesse quadratique moyenne N_i : nombre de molécules se déplaçant à la vitesse v_i $N = \sum_i N_i$: nombre total de molécules

Ainsi l'énergie cinétique moyenne de translation d'une molécule s'écrit :

$\mathcal{E}_c = \frac{1}{2} m u^2$	$\mathcal{E}_c$: énergie cinétique moyenne de translation en J m : masse d'une molécule en kg u : vitesse quadratique moyenne en m. s^{-1}

• Le maximum de la **fonction de distribution** correspond à la vitesse la plus probable pour une molécule. Cette vitesse est notée v_p.
• La vitesse notée $\overline{v}$, vitesse comprise entre la vitesse la plus probable v_p et la vitesse quadratique moyenne u, intervient lors de la diffusion des molécules.

Quelle est l'origine physique de la pression d'un gaz ?

• La pression dans un gaz est interprétée comme la force moyenne par unité de surface résultant des chocs des molécules sur les parois de l'enceinte (Fig.4.3), soit :

$P = \frac{F}{S}$	P : pression en Pa F : force de pression en N S : surface en m^2

L'interprétation microscopique de la pression d'un gaz fut proposée par Bernoulli en 1738.

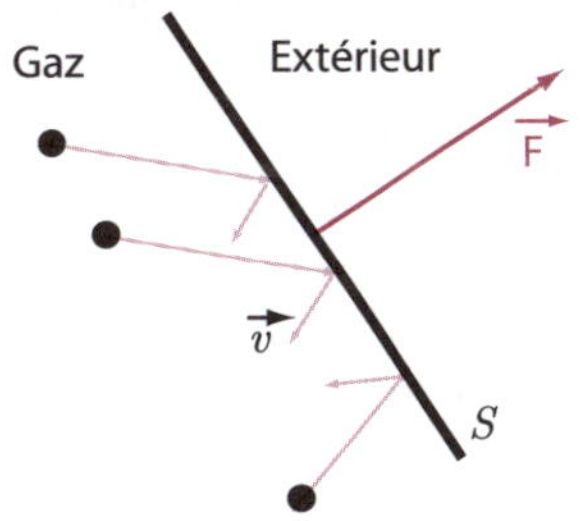

Figure 4.3

• Un calcul de la pression par la méthode des collisions montre que :

$P = \frac{2}{3} n_v \mathcal{E}_c$ avec $\mathcal{E}_c = \frac{1}{2} m u^2$	P : pression cinétique en Pa $n_v = \frac{N}{V}$: nombre de molécules par unité de volume $\mathcal{E}_c$: énergie cinétique moyenne de translation d'une molécule en J

La démonstration détaillée est donnée dans le manuel de physique PCEM1 de la même collection.

2. Aspect macroscopique d'un gaz

Quelles sont les grandeurs qui permettent la description d'un gaz ?

Il est impossible de connaître le comportement de chacune des molécules constituant le gaz : leur nombre est très élevé et leurs mouvements sont très désordonnés.

L'état d'un gaz dépend de quatre paramètres ou grandeurs macroscopiques :

- la pression P dont l'unité S.I est le pascal (Pa) ;
- la température T dont l'unité S.I est le kelvin (K) ;
- le volume V du gaz dont l'unité S.I est le mètre cube (m^3) ;
- la quantité de matière n du gaz dont l'unité S.I est la mole (mol).

Attention : les grandeurs précédentes sont souvent données en unités non-S.I ou en sous multiples d'une unités S.I. Il faudrait donc penser aux conversions.

On rappelle que :

- pour la pression, $1{,}0$ bar $= 1{,}0.10^5$ Pa et que $1{,}0$ atm $= 1{,}013.10^5$ Pa ;
- pour la température, T (en K) $= \theta$ (en °C) $+ 273{,}15$;
- pour le volume, $1{,}0$ L $= 1{,}0.10^{-3}$ m^3 $= 1{,}0.10^3$ cm^3.

Comment mesure-t-on la pression d'un gaz ?

Mesure de la pression d'un gaz quelconque

Les appareils les plus couramment utilisés pour mesurer la pression d'un gaz sont les manomètres. Il existe deux types de manomètres : les manomètres métalliques et les manomètres à liquide.

- Les **manomètres métalliques** : ce sont des appareils que l'on met en communication directe avec le récipient qui contient le gaz. La mesure de pression se fait par simple lecture.
- Les **manomètres à liquide** : ils sont constitués par un tube en U contenant un liquide de masse volumique ρ. L'une des branches est en communication directe avec le gaz dont on veut mesurer la pression P ; l'autre branche est soit sous vide (pression $P_0 = 0$) (Fig.4.4), soit en communication avec l'atmosphère dont la pression est P_{atm} (Fig.4.5).

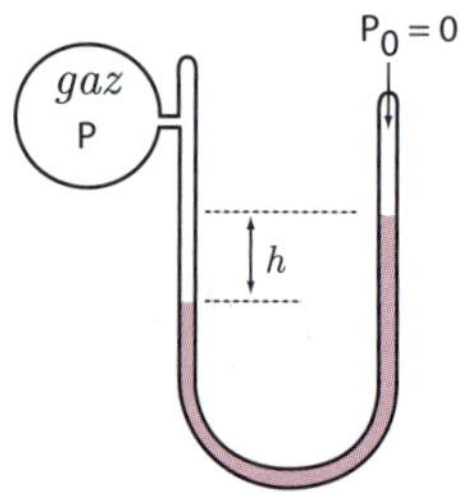

Figure 4.4

La dénivellation h est proportionnelle à la pression P à mesurer :

$$P = \rho g h$$

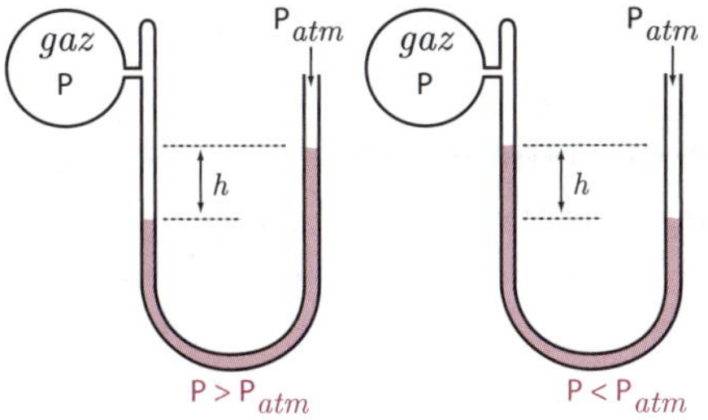

La dénivellation h est proportionnelle à$|P - Pa|$:

$$P = P_{atm} \pm \rho g h$$

Figure 4.5

Mesure de la pression atmosphérique

La mesure de la pression atmosphérique se fait à l'aide d'un baromètre.
Il existe deux types de baromètres : les baromètres métalliques et les baromètres à mercure.

- Les **baromètres métalliques** : la lecture de la valeur de la pression atmosphérique se fait directement sur un cadran gradué.
- Les **baromètres à mercure** : ils sont fondés sur le principe de l'expérience de Torricelli.

La pression atmosphérique P_{atm} agit sur la surface libre du mercure (Fig.4.6).
La force pressante étant compensée par le poids de la colonne de mercure de hauteur h, il s'ensuit :

$$P_{atm} = \rho_{Hg} g h$$

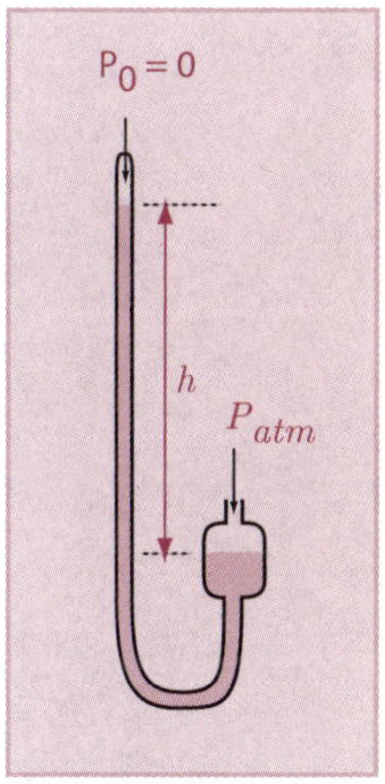

Figure 4.6

Une autre unité de pression : le millimètre de mercure.
De la relation précédente , il en résulte :

$$1 \text{ atm} = 760 \text{ mmHg}$$

Comment s'écrit l'équation d'état du gaz parfait ?

Les quatre paramètres, pression P, température T, volume V du gaz et quantité de matière sont liés par la relation appelée équation d'état des gaz parfaits :

$PV = nRT$	P : pression en Pa V : volume du gaz en m^3 n : quantité de matière en mol T : température en K R : constante des gaz parfaits en $J.K^{-1}.mol^{-1}$

L'équation d'état des gaz parfaits résume l'ensemble des propriétés des gaz connues sous le nom de :

- **Loi de Boyle-Mariotte** (1662)

À température constante et pour une quantité de matière donnée d'un gaz, le produit de la pression P du gaz par le volume V occupé par ce gaz est constant, soit :

$$PV = cste \text{ à } T \text{ et } n \text{ constants}$$

- **Loi de Charles** (1787)

La pression P d'une quantité donnée de gaz, dont le volume est maintenu constant, est telle que :

$$\frac{P}{T} = cste \text{ à } V \text{ et } n \text{ constants}$$

- **Loi de Gay-Lussac** (1802)

À pression constante, le volume occupé par une quantité de matière donnée d'un gaz parfait est proportionnel à la température absolue, soit :

$$\frac{V}{T} = cste \text{ à } P \text{ et } n \text{ constants}$$

- **Loi d'Avogadro-Ampère** (1811)

Dans les mêmes conditions de température et de pression, des volumes égaux de gaz différents contiennent le même nombre de molécules.

- **Mélange de gaz parfaits – Loi de Dalton** (1801)

La pression totale exercée par un mélange de gaz parfaits est égale à la somme des pressions partielles des constituants, soit :

$$P = \sum_i P_i \quad \text{avec } P_i = X_i P$$

P : pression totale du mélange
P_i : pression partielle du gaz i
$X_i = \frac{n_i}{n}$: fraction molaire du gaz i
$n = \sum_i n_i$: quantité de matière totale

Tout se passe comme si le mélange était formé de différents gaz parfaits i de n_i moles occupant indépendamment les uns des autres tout le volume V aux pressions $P_i = n_i \frac{RT}{V}$.

Comment définit-on un système ?

Un système est l'ensemble d'éléments (que l'on étudie) séparé du reste de l'univers (milieu extérieur) par une frontière (paroi) :

– le système est dit **ouvert** si la paroi est perméable ;
– le système est dit **fermé** si la paroi est imperméable ;
– le système est dit **isolé** s'il n'existe aucun échange avec le milieu extérieur.

Quels sont les paramètres d'état ?

L'état d'un système est défini par l'ensemble de ses propriétés macroscopiques instantanées par des paramètres d'états. Ce sont les **grandeurs extensives** (masse, volume, force de pression...) ou **intensives** (masse volumique, température...).

Comment évolue un gaz lors des différentes transformations ?

Définissons d'abord ce qu'est une transformation.

Une transformation est le passage d'un état initial à un état final.

La transformation est dite réversible dans le cas d'une succession d'états d'équilibres voisins tels que l'on puisse repasser par les états antérieurs.

Le passage d'un état (1) à un état (2) sera représenté par :

$$\underset{(P_1\,,\,T_1\,,\,V_1)}{\text{État (1)}} \overset{\text{(transformation)}}{\longrightarrow} \underset{(P_2\,,\,T_2\,,\,V_2)}{\text{État (2)}}$$

La transformation peut être :

- **isobare**, la pression P est constante en tout point du système ;
- **isotherme**, la température T est constante en tout point du système ;
- **isochore**, le volume V du système reste constant ;
- **adiabatique**, il n'y a aucun échange de chaleur avec le milieu extérieur.

Les coordonnées (P, V) sont appelées coordonnées de Clapeyron.

Souvent, on représente l'évolution d'un système dans un diagramme (P,V), appelé **diagramme de Clapeyron**, donnant l'évolution de la pression P en fonction du volume V.

Pour les transformations isobare, isotherme et isochore, on obtient les courbes de la figure 4.7 :

Dans les coordonnées de Clapeyron, une isotherme est représentée par une branche d'hyperbole d'équation $P = \frac{cste}{V}$.

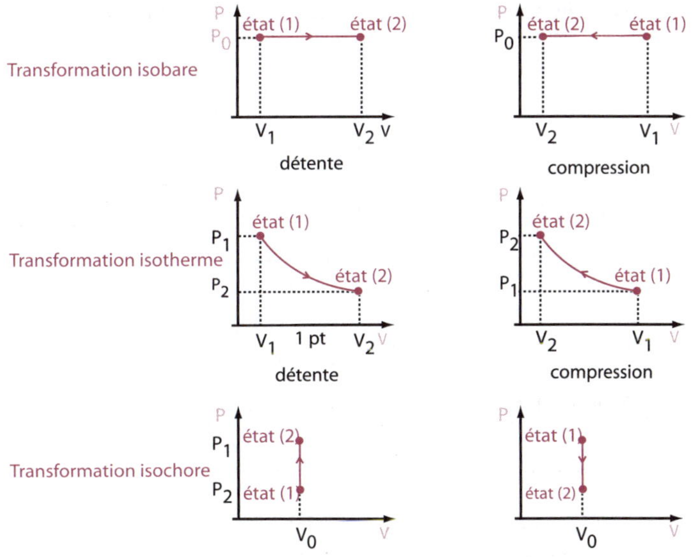

Figure 4.7

QCM

4.1 Quelles affirmations sont exactes ?

❑ **a.** Pour toute transformation d'un gaz parfait, lorsque le volume est multiplié par 2, la pression est divisée par 2.

❑ **b.** À pression et volume constants, la température d'un gaz parfait est proportionnelle à la masse m du gaz.

❑ **c.** La masse volumique d'un gaz parfait dépend uniquement de la pression P du gaz.

❑ **d.** La vitesse quadratique moyenne des molécules du dihydrogène pris à la température de 27 °C est d'environ 61 m. s^{-1}.

❑ **e.** Si u représente la vitesse quadratique moyenne alors la pression cinétique est donnée par :

$$P = \frac{1}{3} n_v m u^2 \quad \left| \begin{array}{l} m : \text{masse d'une molécule} \\ n_v : \text{densité moléculaire} \end{array} \right.$$

4.2 • Dans un récipent, on introduit une masse $m_1 = 2{,}8$ g de diazote et une quantité $n_2 = 0{,}30$ mol d'argon. Le mélange se trouve à la pression $P_0 = 1{,}0.10^5$ Pa.

Les fractions molaires en diazote et en argon sont :

❑ **a.** 0,40 et 0,60 ❑ **b.** 0,25 et 0,75 ❑ **c.** La pression partielle de l'argon est $P_{Ar} = 7{,}5.10^4$ Pa

• On ajoute au mélange précédent une masse $m_3 = 4{,}4$ g de dioxyde de carbone. La pression de l'ensemble est maintenue à $P_0 = 1{,}0.10^5$ Pa.

Les pressions partielles de diazote, d'argon et de dioxyde de carbone sont respectivement :

❑ **d.** $2{,}5.10^4$ Pa, $5{,}0.10^4$ Pa et $2{,}5.10^4$ Pa ❑ **e.** $2{,}0.10^4$ Pa, $6{,}0.10^4$ Pa et $2{,}0.10^4$ Pa

4.3 Deux récipients, notés (1) et (2), de volume V_1 et V_2 peuvent communiquer entre eux par un robinet R (Fig. 4.8).

Le récipient (1) contient du diazote à la pression $P_1 = 1{,}5$ bar et à la température $\theta_1 = 15$ °C. Le récipient (2) contient du dioxygène à la pression $P_2 = 2{,}0$ bar et à la température $\theta_2 = 15$ °C.

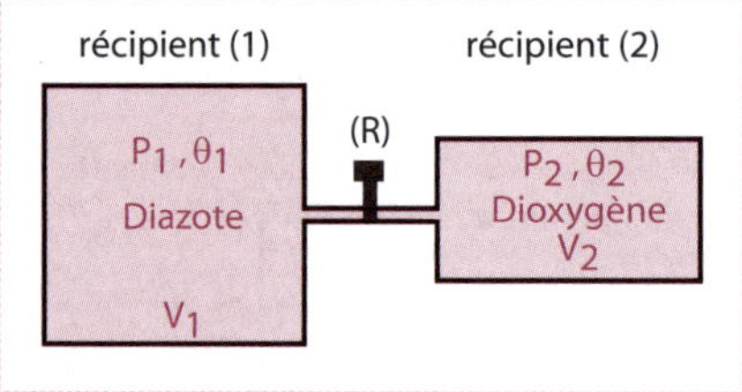

Figure 4.8

On ouvre le robinet R : les deux gaz diffusent l'un dans l'autre. À l'équilibre, on obtient un mélange à la température $\theta_f = 15$ °C.

La pression P du mélange vaut :

❑ **a.** 1,75 bar ❑ **b.** 1,66 bar

Les pressions partielles des gaz sont :

❑ **c.** $P(N_2) = 1{,}20$ bar et $P(O_2) = 0{,}55$ bar

La masse molaire du mélange est de :

❑ **d.** 29,6 $g.mol^{-1}$ ❑ **e.** 29,3 $g.mol^{-1}$

Données :

- Les gaz sont supposés parfaits.
- $V_1 = 100$ L et $V_2 = 50$ L.
- Masses molaires atomiques en $g.mol^{-1}$: Azote N : 14 ; Oxygène O : 16.

4.4 • Pour un gaz parfait de masse molaire $M = 32\ g.mol^{-1}$, pris à la température de 20 °C et à la pression $P = 760$ mmHg, sa masse volumique ρ a pour valeur :

❑ **a.** 1330,7 $kg.m^{-3}$ ❑ **b.** 1,331 $kg.m^{-3}$

• La masse volumique de l'air, gaz considéré comme parfait, dans les conditions normales de température et de pression est $\rho_0 = 1{,}293\ kg.m^{-3}$.

Sa masse volumique à la température $\theta = 20$ °C et à la pression $P = 745$ mmHg est de :

❑ **c.** 1,229 $kg.m^{-3}$ ❑ **d.** 1,331 $kg.m^{-3}$

❑ **e.** Pour un gaz parfait de masse volumique ρ, la pression cinétique est donnée par :

$$P = \frac{1}{3}\rho u^2$$

Exercices

4.5 Bouteille d'oxygène

Les bouteilles d'oxygène utilisées dans les hôpitaux sont des bouteilles d'acier de volume $V = 25$ L.

La pression du gaz contenu dans une des bouteilles est $P_1 = 125$ atm à la température $\theta_1 = 20$ °C.

1. Déterminer la masse de dioxygène dans chaque bouteille.

2. Déterminer la nouvelle pression P_2 du gaz si la température passe à $\theta_2 = 60$ °C.

4.6 Identification d'un gaz

Une masse $m = 12$ g d'un gaz diatomique, supposé parfait, occupe un volume $V = 9{,}36$ L sous la pression $P_1 = 1{,}0.10^5$ Pa et à la température $\Theta_1 = 27$ °C.

1. Déterminer la masse molaire de ce gaz puis l'identifier.

2. Déterminer la masse volumique de ce gaz à la température $\Theta_2 = 50$ °C et sous la pression $P_2 = 1{,}5.P_1$.

4.7 Détente d'un gaz

Un récipient de volume $V_1 = 10$ L, contient 2 moles d'un gaz parfait à la température $\Theta_1 = 27\ °C$.

1. Déterminer la pression P_1 du gaz.

2. Le récipient de volume V_1 est mis en communication à l'aide d'un tube très étroit muni d'un robinet avec un deuxième récipient, initialement vide, de volume $V_2 = 6$ L.

Le gaz se répand dans les deux récipients. À l'équilibre, la température finale est $\Theta_2 = \Theta_1 = 27°C$ (Fig.4.9).

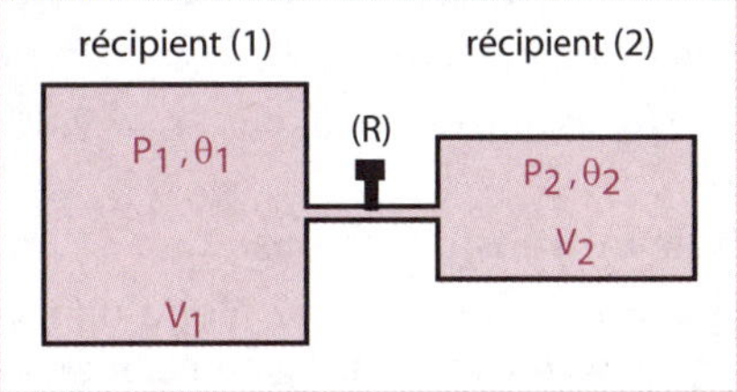

Figure 4.9

Déterminer la nouvelle pression P_2 du gaz.

3. On ferme le robinet R puis on abaisse la température du récipient (1) de 20 °C et on élève la température du récipient (2) de 40 °C.

Déterminer les pressions P_3 et P_4 dans les récipients (1) et (2).

4.8 Plongée sous-marine

Les plongeurs respirent de l'air comprimé. L'air est composé de plusieurs gaz qui, à partir d'une certaine pression peuvent devenir toxiques pour le plongeur.

L'oxygène présente une toxicité pour les plongeurs à partir d'une pression partielle de 1,6 bar.

À partir de quelle profondeur, y a-t-il un risque pour les plongeurs ?

4.9 Manomètre à liquide

Un manomètre à mercure est constitué par un tube en U. L'une des branches est fermée sur un réservoir contenant un gaz à la pression P ; l'autre branche est à l'air libre (Fig.4.10).

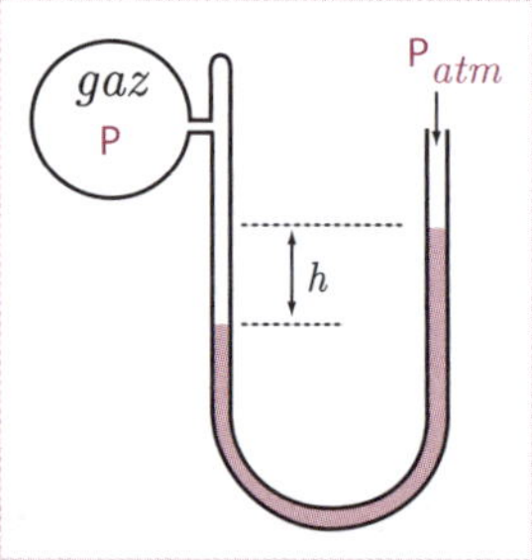

Figure 4.10

Calculer la pression P du gaz lorsque la dénivellation entre les deux niveaux du mercure dans les deux branches est $h = 36$ cm.

On donne :

- Masse volumique du mercure : $\rho_{Hg} = 13{,}6$ g.cm^{-3}
- Pression de l'air extérieur : $P_{atm} = 1025$ mbar
- Intensité du champ de pesanteur : $g = 9{,}81$ N.kg^{-1}

4.10 Cycle de transformations

Une quantité de matière $n = 2$ mol d'un gaz parfait subit le cycle de transformations suivant (Fig.4.11) :

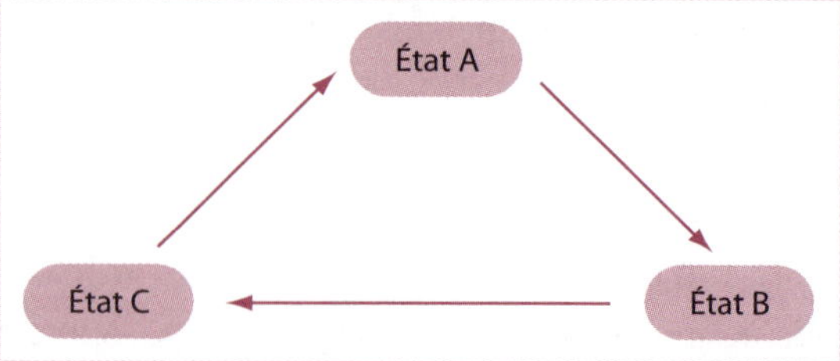

Figure 4.11

La transformation A ⟶ B est une transformation isotherme
La transformation B ⟶ C est une transformation isobare
La transformation C ⟶ A est une transformation isochore

1. Sans souci d'échelle, représenter dans un diagramme (P,V) le cycle de transformation.

2. Déterminer pour chaque état les grandeurs P, V et T.

On donne :

$P_A = 10$ bar ; $V_A = 5{,}0$ L et $P_B = \frac{2}{5} P_A$

4.11 Vitesse quadratique moyenne

On considère un gaz parfait, constitué de N molécules monoatomiques identiques, de masse m, en équilibre thermique, avec un thermostat à la température T et enfermé dans une enceinte de volume V.

1. D'un point de vue microscopique, à quelles conditions le gaz peut-être assimilé à un gaz parfait ?

2. On définit la température absolue T ou température thermodynamique par la relation

$$\frac{1}{2} m u^2 = \frac{3}{2} k_B T$$

où u représente la vitesse quadratique moyenne des molécules et k_B la constante de Boltzmann.

Sachant que la pression cinétique est donnée par :

$$P = \frac{2}{3} n_v \mathcal{E}_c$$

retrouver l'équation d'état des gaz parfaits.

3. Calculer la vitesse quadratique moyenne des molécules d'argon (gaz monoatomique) lorsque ce gaz est à la température de 27 °C.

On donne :

Masse molaire de l'argon : $M = 40$ g.mol^{-1}.

Corrigés

QCM

4.1 **L'affirmation correcte est e.**

a. Pour un gaz parfait de quantité de matière n, on a :

$$PV = nRT$$

Pour une transformation isotherme, $T = cste$: si le volume V est multiplié par deux alors la pression est divisée par 2. C'est donc vrai uniquement pour une transformation isotherme.

b. Comme $PV = nRT$ et $n = \frac{m}{M}$, alors :

$$PV = \frac{m}{M}RT$$

Pour P et V constants on peut écrire :

$$\frac{m}{M}RT = cste, \quad \text{soit} \quad T = \frac{k}{m}$$

La température est donc inversement proportionnelle à la masse du gaz.

c. De la relation $PV = \frac{m}{M}RT$, on déduit :

$$PM = \frac{m}{V}RT, \quad \text{soit} \quad PM = \rho RT \quad \text{où} \ \rho = \frac{m}{V} \ \text{représente la masse volumique du gaz}$$

Ainsi :

$$\rho = \frac{PM}{RT}$$

La masse volumique dépend donc de la pression P et de la température T.

d. et e. On montre (voir exercice 4.11) que :

$$u = \sqrt{\frac{3RT}{M}} \quad \text{et} \quad P = \frac{1}{3}n_v m u^2$$

Pour le dihydrogène $M = 2\ \text{g.mol}^{-1} = 2.10^{-3}\ \text{kg.mol}^{-1}$

Soit numériquement :

$$u = \sqrt{\frac{3 \times 8,314 \times 300}{2.10^{-3}}} = 1934\ \text{m.s}^{-1}$$

4.2 **Les affirmations correctes sont b., c. et e.**

Déterminons les quantités de matière initiales des deux gaz.
On a une masse $m_1 = 2{,}8$ g de diazote, soit une quantité de matière :

$$n_1 = \frac{2{,}8}{2 \times 14} = 0{,}10 \text{ mol}$$

Comme la quantité de matière d'argon est $n_2 = 0{,}30$ mol, la quantité de matière totale de gaz est de $n = n_1 + n_2$.
Numériquement : $n = 0{,}40$ mol.
La fraction molaire du gaz i de quantité de matière n_i est :

$$X_i = \frac{n_i}{n}$$

Application numérique :

	Diazote (N_2)	**Argon (Ar)**
Quantité de matière en mol	0,10	0,30
Fraction molaire	0,25	0,75

La pression partielle P_i du gaz i de fraction molaire X_i est donnée par la loi de Dalton :

$$P_i = X_i.P \quad \text{où } P \text{ représente la pression totale du mélange.}$$

Comme $P_0 = 1{,}0.10^5$ Pa, alors :

	Diazote (N_2)	**Argon (Ar)**
Quantité de matière en mol	0,10	0,30
Fraction molaire	0,25	0,75
Pression partielle en Pa	$2{,}5.10^4$	$7{,}5.10^4$

On ajoute une masse $m_3 = 4{,}4$ g de dioxyde de carbone (CO_2). La quantité de matière correspondante est :

$$n_3 = \frac{4{,}4}{12 + 2 \times 16} = 0{,}10 \text{ mol}$$

La quantité de matière totale de gaz est à présent :

$$n' = 0{,}10 + 0{,}30 + 0{,}10 = 0{,}50 \text{ mol}$$

Les nouvelles fractions molaires et pressions partielles sont :

	N_2	**Ar**	**CO_2**
Quantité de matière en mol	0,10	0,30	0,10
Fraction molaire	0,20	0,60	0,20
Pression partielle en Pa	$2{,}0.10^4$	$6{,}0.10^4$	$2{,}0.10^4$

4.3 **Les affirmations correctes sont b. et e.**

Déterminons les quantités de matière initiales des deux gaz.
Les gaz étant parfaits, on a donc :

$$n = \frac{PV}{RT}$$

• Récipient (1) contenant du diazote N_2.

$P_1 = 1{,}5$ bar
$V_1 = 100$ L $= 1{,}00.10^{-1}$ m^3
$\theta_1 = 15$ °C $= 288$ K

$$n_1 = \frac{1{,}5.10^5 \times 1{,}00.10^{-1}}{8{,}314 \times 288} = 6{,}26 \text{ mol}$$

• Récipient (2) contenant du dioxygène O_2.

$P_2 = 2{,}0$ bar
$V_2 = 50{,}0$ L $= 5{,}00.10^{-2}$ m^3
$\theta_2 = 15$ °C $= 288$ K

$$n_2 = \frac{2{,}0.10^5 \times 5{,}00.10^{-2}}{8{,}314 \times 288} = 4{,}18 \text{ mol}$$

La quantité de matière totale de gaz est de $n = n_1 + n_2$.
Numériquement : $n \simeq 10{,}4$ mol.
Le mélange se comporte comme un gaz parfait, donc :

$$P = n\frac{RT}{V} \text{ avec } V = V_1 + V_2$$

Application numérique :

$$P = 10{,}4 \times \frac{8{,}314 \times 288}{1{,}50.10^{-1}} = 1{,}66.10^5 \text{ Pa, soit } 1{,}66 \text{ bar}$$

La fraction molaire du gaz i de quantité de matière n_i est :

$$X_i = \frac{n_i}{n}$$

Les pressions partielles sont données par la loi de Dalton :

$$P_i = X_i P$$

Pour le mélange étudié, on obtient :

	Diazote (N_2)	**Dioxygène (O_2)**
Quantité de matière en mol	6,26	4,18
Fraction molaire	0,60	0,40
Pression partielle en bar	1,00	0,66

La masse molaire d'un mélange de gaz de masses molaires M_i et de fractions molaires X_i est :

$$M = \sum_i X_i M_i$$

Application numérique :

$$M = 0{,}60 \times 28 + 0{,}40 \times 32 = 29{,}6 \text{ g. mol}^{-1}$$

4.4 **Les affirmations correctes sont b., c. et e.**

De la relation $PV = \dfrac{m}{M}RT$, on en déduit (voir démonstration QCM 1) :

$$\rho = \frac{PM}{RT}$$

Application numérique :
$P = 760$ mmHg $= 1{,}013.10^5$ Pa (Attention, la pression doit être en Pa).
$M = 32$ g.mol^{-1} $= 32.10^{-3}$ kg.mol^{-1} (Faire attention aux unités !)
$T = 273 + 20 = 293$ K

$$\rho = \frac{1{,}013.10^5 \times 32.10^{-3}}{8{,}314 \times 293} \simeq 1{,}331 \text{ kg.m}^3$$

Pour deux états (1) et (2), on peut écrire :

$$\left|\begin{array}{l} \text{État (1) ; } P_1, T_1 \ : \rho_1 = \dfrac{P_1 M}{RT_1} \\ \text{État (2) ; } P_2, T_1 \ : \rho_2 = \dfrac{P_2 M}{RT_2} \end{array}\right.$$

Ainsi :

$$\frac{\rho_1}{\rho_2} = \frac{\dfrac{P_1 M}{RT_1}}{\dfrac{P_2 M}{RT_2}} = \frac{P_1}{P_2}.\frac{T_2}{T_1}$$

Soit :

$$\rho_2 = \rho_1.\frac{P_2}{P_1}.\frac{T_1}{T_2}$$

Considérons les deux états :

– État (1) : conditions normales de température et de pression, soit $P_1 = 760$ mmHg, $T_1 = 273$ K.
– État (2) : $P_2 = 745$ mmHg, $T_2 = 293$ K.

Application numérique :

$$\rho_2 = 1{,}293 \times \frac{760}{745} \times \frac{273}{293} = 1{,}229 \text{ kg.m}^3$$

Remarque : comme on a un rapport de deux pressions, on peut garder l'unité mmHg.
On a vu que la pression cinétique est donnée par (voir exercice 4.11) :

$$P = \frac{1}{3}\frac{N}{V}mu^2$$

N : nombre de molécules
m : masse d'une molécule
V : volume occupé par le gaz
u : vitesse quadratique moyenne

Comme $N.m = m_g$ (masse du gaz) et $\rho = \dfrac{m_g}{V}$, alors :

$$P = \frac{1}{3}\rho u^2$$

Exercices

4.5

1. Le gaz est un gaz parfait, donc :

$$P_1 V_1 = nRT_1$$

P_1 : pression du gaz en Pa
V_1 : volume occupé par le gaz en m^3
n : quantité de matière en mol
T_1 : température en K
R : constante des gaz parfaits en J. K^{-1}. mol^{-1}

Comme $n = \frac{m}{M}$, alors :

$$P_1 V_1 = \frac{m}{M} RT_1, \quad \text{soit} \quad m = \frac{P_1 V_1 M}{RT_1}$$

Application numérique :
$P_1 = 125$ atm $= 125 \times 1{,}013.10^5 = 1{,}266.10^7$ Pa
$V_1 = 25$ L $= 25.10^{-3}$ m^3
$T_1 = 273{,}15 + 20 = 293{,}15$ K
$M = 32$ $g.mol^{-1} = 32.10^{-3}$ $kg.mol^{-1}$
D'où :

$$m = \frac{1{,}266.10^7 \times 25.10^{-3} \times 32.10^{-3}}{8{,}314 \times 293{,}15} \simeq 4{,}16 \text{ kg}$$

2. Le volume étant constant, la transformation est une transformation isochore.
De plus $n = cste$, donc :

$$\frac{P}{T} = \frac{nR}{V} = cste$$

Notons par (1) et (2) les deux états. On peut représenter la transformation par le schéma suivant :

$$\underset{(P_1, T_1, V_1)}{\text{État (1)}} \longrightarrow \underset{(P_2, T_2, V_2 = V_1)}{\text{État (2)}}$$

Comme $\frac{P}{T} = cste$ alors, au cours de la transformation isochore on peut écrire :

$$\frac{P_1}{T_1} = \frac{P_2}{T_2}, \quad \text{soit } P_2 = P_1 \frac{T_2}{T_1}$$

Application numérique :

$$P_2 = 125 \times \frac{(273{,}15 + 60)}{(273{,}15 + 20)} = 142 \text{ atm}$$

4.6

1. Comme pour l'exercice 4.5, le gaz est parfait, donc :

$$P_1 V = nRT_1 = \frac{m}{M} RT_1, \quad \text{soit } M = \frac{mRT_1}{P_1 V}$$

Application numérique :
$P_1 = 1{,}0.10^5$ Pa
$V = 9{,}36$ L $= 9{,}36.10^{-3}$ m^3
$T_1 = 273{,}15 + 27 = 300{,}15$ K
$m = 12$ g $= 12.10^{-3}$ kg
D'où :

$$M = \frac{12.10^{-3} \times 8{,}314 \times 300{,}15}{1{,}0.10^5 \times 9{,}36.10^{-3}} \simeq 0{,}032 \text{ kg.mol}^{-1},$$

soit 32 $g.mol^{-1}$
Le gaz étant un gaz diatomique, de la forme X_2, c'est donc du dioxygène.

2. L'équation d'état des gaz parfaits s'écrit :

$$PV = nRT = \frac{m}{M} RT \quad \text{ou encore } PM = \frac{m}{V} RT$$

Comme $$\rho = \frac{m}{V}$$

alors : $$PM = \rho RT$$

M et R étant constants, on peut écrire :

$$\frac{P}{\rho T} = cste$$

Le passage de l'état (1) à l'état (2) donne :

$$\frac{P_1}{\rho_1 T_1} = \frac{P_2}{\rho_2 T_2}$$

Soit $$\rho_2 = \rho_1 \frac{P_2}{P_1} \frac{T_1}{T_2}$$

Application numérique :
$P_2 = 1{,}5.P_1$
$T_1 = 300{,}15$ K
$T_2 = 273{,}15 + 50 = 323{,}15$ K
$\rho_1 = \frac{12.10^{-3}}{9{,}36.10^{-3}} = 1{,}28$ $kg.m^{-3}$

$$\rho_2 = 1{,}28 \times 1{,}5 \times \frac{300{,}15}{323{,}15} = 1{,}78 \text{ kg.m}^{-3}$$

4.7

1. La pression du gaz est donnée par la loi des gaz parfaits :

$$P_1 = \frac{nRT_1}{V_1}$$

Application numérique :
$n = 2$ mol
$T_1 = 27 + 273,15 = 300,15$ K
$V_1 = 10$ L $= 1,0.10^{-2}$ m^3

$$P_1 = \frac{2 \times 8,314 \times 300,15}{1,0.10^{-2}} = 4,99.10^5 \text{ Pa}$$

2. Après diffusion, le gaz occupera le volume $V = V_1 + V_2$, soit $V = 16$ L.

Comme la température reste constante et égale à T_1, la nouvelle pression sera donc :

$$P_2 = \frac{nRT_1}{V_1 + V_2}$$

Soit numériquement :

$$P_2 = \frac{2 \times 8,314 \times 300,15}{16.10^{-3}} = 3,12.10^5 \text{ Pa}$$

Au cours d'une dilatation isotherme, la pression diminue.

3. On ferme le robinet R.

Déterminons les quantités de matière de gaz contenues dans les récipients (1) et (2).

On a $n = 2$ mol. Si n_1 et n_2 désignent les quantités de matière dans les récipents (1) et (2), alors :

$$n_1 = n\frac{V_1}{V_1 + V_2} \quad \text{et} \quad n_2 = n\frac{V_2}{V_1 + V_2}$$

soit numériquement

$$n_1 = 2 \times \frac{10}{16} = 1,25 \text{ mol} \quad \text{et} \quad n_2 = 2 \times \frac{6}{16} = 0,75 \text{ mol}$$

Dans le récipient (1) la température passe de $\Theta_1 = 27$ °C à $\Theta'_1 = 7$ °C et dans le récipient (2) de $\Theta_2 = 27$ °C à $\Theta'_2 = 67$ °C.

Les nouvelles pressions P'_1 et P'_2 sont données par :

$$P'_1 = \frac{n_1RT'_1}{V_1} \quad \text{et} \quad P'_2 = \frac{n_2RT'_2}{V_2}$$

soit numériquement

$$P'_1 = \frac{1,25 \times 8,314 \times (273,15 + 7)}{10.10^{-3}} = 2,91.10^5 \text{ Pa}$$

et

$$P'_2 = \frac{0,75 \times 8,314 \times (273,15 + 40)}{6.10^{-3}} = 3,25.10^5 \text{ Pa}$$

4.8

L'oxygène représente 20 % du mélange respiré par le plongeur.

Il y a risque à partir d'une pression partielle de 1,6 bar.

Donc, d'après la loi de Dalton, la pression totale est :

$$P = \frac{P_i}{X_i} \quad \text{avec } P_i = 1,6 \text{ bar et } X_i = 0,20$$

Soit numériquement : $P = 8,0$ bar.

La pression au fond de l'eau, à la profondeur h, est donnée par la relation fondamentale de l'hydrostatique :

$$P = P_{atm} + \rho_{eau}gh$$

soit

$$h = \frac{P - P_{atm}}{\rho_{eau}g}$$

Application numérique :
$P = 8,0$ bar $= 8,0.10^5$ Pa
$P_{atm} = 1,0$ bar $= 1,0.10^5$ Pa

Soit

$$h = \frac{8,0.10^5 - 1,0.10^5}{1000 \times 9,81} \simeq 71 \text{ m}$$

Conclusion : il y a un risque d'intoxication pour le plongeur à partir d'une profondeur de 70 m.

4.9

On est dans le cas où $P > P_{atm}$.

Ainsi, la pression P du gaz est donnée par :

$$P = P_{atm} + \rho_{Hg}gh$$

Attention : la pression P_{atm} est donnée en mbar. Il faut la convertir en Pa.

Comme 1,0 bar $= 1,0.10^5$ Pa, alors :

$$P_{atm} = 1025.10^{-3} \times 1,0.10^5 = 1,025.10^5 \text{ Pa.}$$

La masse volumique est donnée en $g.cm^{-3}$. Il faut la convertir en $kg.m^{-3}$.
Comme $1{,}0\ g.cm^{-3} = 1{,}0.10^3\ kg.m^{-3}$, alors :

$$\rho_{Hg} = 13\,600\ kg.m^{-3}.$$

Application numérique :

$$P = 1{,}025.10^5 + 13\,600 \times 9{,}81 \times 0{,}36 \simeq 1{,}51.10^5\ Pa$$

4.10

1. Pour une transformation isotherme, la température T est constante.
D'après la loi des gaz parfaits, $PV = nRT$, on en déduit :

$$PV = cste, \quad \text{soit } P = \frac{cste}{V}$$

En diagramme (P,V) cela correspond à une branche d'hyperbole.
D'où le schéma du cycle (Fig4.12) :

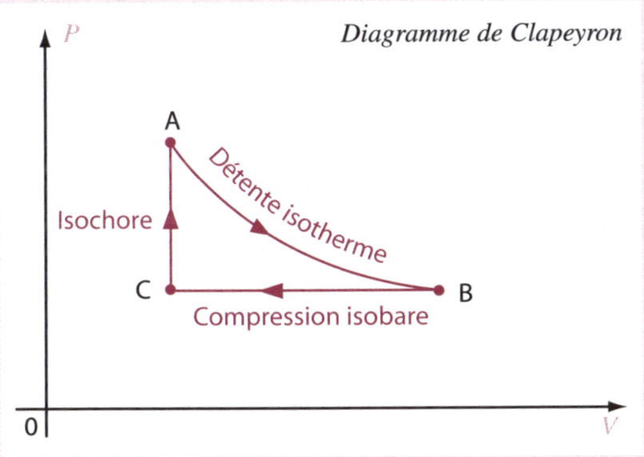

Figure 4.12

2. Déterminons pour chaque état, les grandeurs P, V et T.

• **Au point A** :
Connaissons P_A, V_A et n, on peut déterminer la température au poin A.
D'après la loi des gaz parfaits, on a :

$$P_A V_A = nRT_A, \quad \text{soit } T_A = \frac{P_A V_A}{nR}$$

Application numérique :
$P_A = 10\ bar = 1{,}0.10^6\ Pa$
$V_A = 5{,}0\ L = 5{,}0.10^{-3}\ m^3$
$n = 2\ mol$

$$T_A = \frac{1{,}0.10^6 \times 5{,}0.10^{-3}}{2 \times 8{,}314} \simeq 301\ K$$

• **Au point B :**
La transformation A$\longrightarrow$ B est une transformation isotherme, donc $T_B = T_A$, soit $T_B \simeq 301$ K.
Comme $P_B = \frac{2}{5} P_A$ et $P_A = 10$ bar, alors $P_B = 4{,}0$ bar.
Le volume en B est donné par :

$$V_B = \frac{nRT_B}{P_B}$$

Soit numériquement :

$$V_B = \frac{2 \times 8{,}314 \times 300{,}7}{4{,}0.10^5} = 0{,}0125\ m^3, \text{ soit } 12{,}5\ L$$

• **Au point C :**
La transformation B$\longrightarrow$ C est une transformation isobare, donc $P_C = P_B$, soit $P_C = 4{,}0$ bar.
De plus, C$\longrightarrow$ A est une transformation isochore donc : $V_C = V_A$, soit $V_C = 5{,}0$ L.
La température en C se déduit à partir de la loi des gaz parfait :

$$T_C = \frac{P_C V_C}{nR}$$

Numériquement :

$$T_C = \frac{4{,}0.10^5 \times 5{,}0.10^{-3}}{2 \times 8{,}314} = 120\ K$$

Les valeurs des pressions, températures et volumes aux différents points sont regroupées dans le tableau ci-desous :

	P en bar	V en L	T en K
En A	10	5,0	301
En B	4,0	12,5	301
En C	4,0	5,0	120

4.11

1. Un gaz réel peut être assimilé à un gaz parfait s'il est pris sous faible pression. En effet, à faible pression, le volume occupé par le gaz est très grand devant le volume occupé par la matière. Les molécules étant très éloignées les unes des autres n'ont aucune interaction entre elles en dehors des chocs supposés élastiques.
En conclusion : la seule énergie des molécules est de l'énergie cinétique.

2. a) Comme $P = \frac{2}{3}n_v\mathcal{E}_c$ et $\mathcal{E}_c = \frac{1}{2}mu^2$, alors :

$$P = \frac{2}{3}n_v \times \frac{1}{2}mu^2 = \frac{1}{3}n_v mu^2$$

Le nombre de molécules par unité de volume, noté n_v, est :

$$n_v = \frac{N}{V}$$

N : nombre total de molécules
V : volume occupé par le gaz

Ainsi :

$$P = \frac{1}{3}n_v mu^2 = \frac{1}{3}\frac{N}{V}mu^2$$

De plus, comme $\frac{1}{2}mu^2 = \frac{3}{2}k_BT$, alors $mu^2 = 3k_BT$, de sorte que :

$$P = \frac{1}{3}\frac{N}{V} \times 3k_BT = \frac{Nk_BT}{V}, \quad \text{soit } PV = Nk_BT$$

Le nombre total de molécules est tel que :

$$N = n\mathcal{N}_A$$

n : quantité de matière en mol
$\mathcal{N}_A$: nombre d'Avogadro en mol^{-1}

La relation précédente devient :

$$PV = n\mathcal{N}_A k_B T$$

Comme $\mathcal{N}_A k_B = R$ (constante des gaz parfaits), alors :

$$PV = nRT$$

3. On a $\frac{1}{2}mu^2 = \frac{3}{2}k_BT$, soit :

$$u = \sqrt{\frac{3k_BT}{m}}$$

Comme $k_B = \frac{R}{\mathcal{N}_A}$, alors :

$$u = \sqrt{\frac{3RT}{m\mathcal{N}_A}} = \sqrt{\frac{3RT}{M}} \quad \text{car } M = m\mathcal{N}_A$$

En conclusion : la vitesse quadratique moyenne des molécules d'un gaz parfait est donnée par :

$$u = \sqrt{\frac{3k_BT}{m}} = \sqrt{\frac{3RT}{M}}$$

k_B : constante de Boltzmann
m : masse d'une molécule en kg
M : masse molaire en kg.mol^{-1}
R : constante des gaz parfaits
T : température absolue en K

Application numérique :

Pour l'argon, $M = 40 \text{ g.mol}^{-1} = 4{,}0.10^{-2} \text{ kg.mol}^{-1}$

$R = 8{,}314 \text{ J.K}^{-1}.\text{ mol}^{-1}$

$T = 273 + 27 = 300 \text{ K}$

$$u = \sqrt{\frac{3 \times 8{,}314 \times 300}{4{,}0.10^{-2}}} \simeq 433 \text{ m.s}^{-1}$$

Les échanges d'énergie 5

1. Changements de phase

Qu'est ce qu'une phase ?

Une phase représente toute partie homogène dont un système est constitué.

Exemples :

– Un mélange de gaz ou un mélange de liquides miscibles constitue une seule phase.

– Un mélange de 2 liquides non miscibles constitue 2 phases.

– Un mélange d'un liquide et d'un gaz constitue 2 phases.

Qu'est ce qu'un changement de phase ?

Un changement de phase est une transformation physique : c'est le passage d'un corps d'un état de la matière à un autre état.

Quels sont les différents états de la matière et les noms des différentes transformations ?

La matière se présente sous trois états : les états solide, liquide et gazeux.

Les différentes transformations sont regroupées sur la figure ci-dessous (Fig. 5.1).

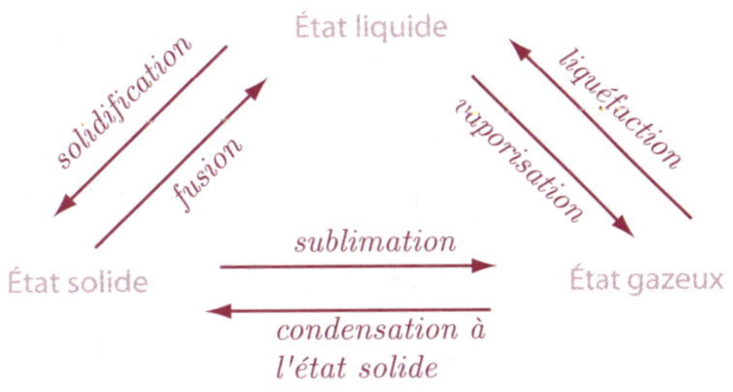

Figure 5.1

Quelles sont les caractéristiques d'un changement d'état ?

Au cours d'un changement d'état, le corps pur coexiste sous deux états (Fig. 5.2).

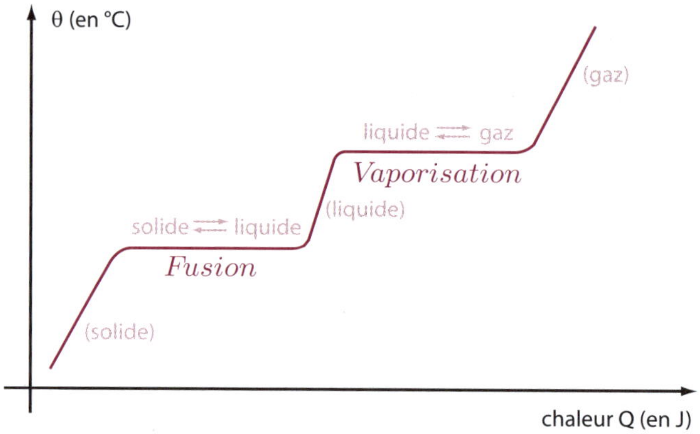

Figure 5.2

Équilibre d'un corps pur sous deux phases

Un corps pur peut exister sous deux phases fluides :

– la vapeur, plus légère ;

– le liquide, plus dense.

$$\text{liquide} \underset{\text{liquéfaction}}{\overset{\text{vaporisation}}{\rightleftarrows}} \text{vapeur}$$

Le passage d'une phase à l'autre est un processus réversible qui se fait à pression et température constantes.

Lorsque cet équilibre est réalisé, seule une des deux variables pression d'équilibre ou température peut être choisie : on dit que l'équilibre est monovariant.

Cet équilibre n'est réalisable qu'entre un **point critique** et un **point triple** :

- **Point critique :** température et pression critiques constituent les bornes supérieures au-dessus desquelles la coexistence des deux phases est impossible.
- **Point triple :** c'est la borne inférieure pour la pression et la température, où liquide et vapeur sont en équilibre avec le solide.

Les courbes d'équilibre

La figure ci-après (Fig. 5.3) donne les trois courbes d'équilibre $P = f(T)$.

Au point triple coexistent les trois phases.

La transition d'une phase (1) à une phase (2) s'accompagne toujours d'une absorption ou d'une libération de chaleur.

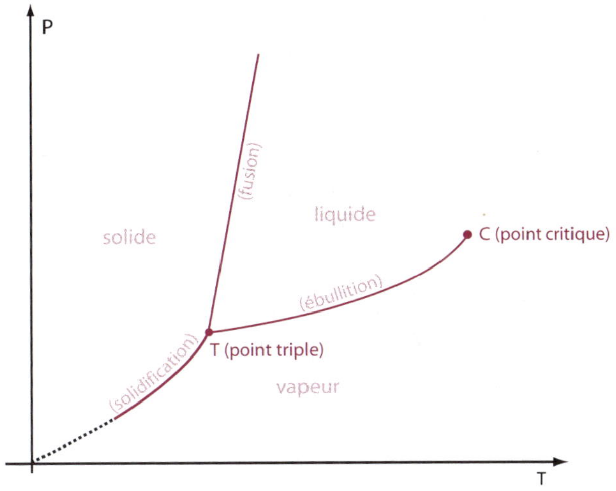

Figure 5.3

2. Introduction du premier principe de la thermodynamique

Comment calculer le travail des forces de pression ?

En thermodynamique, on définit le travail lié à une transformation d'un système comme étant égal au travail des forces extérieures au cours de cette transformation.

Le milieu extérieur exerce au niveau de la paroi du système une pression extérieur P_e. Il en résulte une force de pression $F_e = P_e S$ (Fig. 5.4).

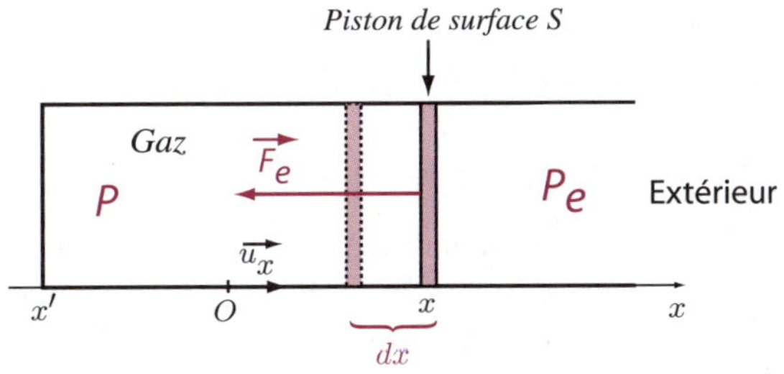

Figure 5.4

Le travail élémentaire de la force pressante $\overrightarrow{F_e} = -P_e S.\overrightarrow{u_x}$, suivant le déplacement élémentaire $\overrightarrow{dl} = dx\overrightarrow{u_x}$ ($dx < 0$), s'écrit :

$$\delta W = \overrightarrow{F_e}.\overrightarrow{dl} = (-P_e S.\overrightarrow{u_x}).(dx\overrightarrow{u_x}) = -P_e \underbrace{Sdx}_{dV} = -P_e dV$$

Conventions de signe :
Ce qui est fourni au gaz est compté positivement.
Ce qui est cédé par le gaz est compté négativement.

Le travail élémentaire des forces pressantes exercées sur un fluide, se met sous la forme suivante :

$$\delta W = -P_e dV \quad \text{avec} \quad dV = Sdx$$

$$\begin{cases} - \text{ Si } dx < 0\ (dV < 0,\ V \text{ diminue}), \text{ le fluide est comprimé ; } \delta W > 0. \\ \text{Le système reçoit du travail de la part du milieu extérieur.} \\ - \text{ Si } dx > 0\ (dV > 0,\ V \text{ augmente}), \text{ le fluide se détend ; } \delta W > 0. \\ \text{Le système fournit du travail au milieu extérieur.} \end{cases}$$

Au cours d'une transformation caractérisée par une pression extérieure P_e, le volume du fluide évolue d'un volume V_i à un volume V_f. Il s'ensuit donc un travail :

$$W = \int_{V_i}^{V_f} -P_e dV$$

Pour pouvoir déterminer W, il faut connaître la loi d'évolution de P_e au cours de la transformation.

Exemples de cas simples

• Cas d'une **transformation isochore**. Au cours d'une telle transformation le volume reste constant. Il s'ensuit donc :

$$dV = 0 \quad \text{et} \quad W = 0$$

• Cas d'une **transformation isobare**. Supposons que le système soit initialement en équilibre avec le milieu extérieur ($P_e = P_{int} = P$). Au cours de la transformation, la pression est maintenue constante, soit $P_e = P = Cste$.

Ainsi :

$$W = \int_{V_i}^{V_f} -PdV = -P\int_{V_i}^{V_f} dV = -P(V_f - V_i) = -P\Delta V$$

Que représente la chaleur ?

Notion de température

Si on met en contact deux corps, un corps froid et un corps chaud, on constate que le corps froid se réchauffe tandis que le corps chaud se refroidit. Cette mise en contact entraîne aussi des variations de volume des deux corps :

– le corps froid se dilate ;

– le corps chaud se contracte.

L'**équilibre thermique** est atteint lorsque les deux corps sont à la même température et les variations de volume cessent.

La température est donc le paramètre physique qui permet de caractériser l'état thermique d'un corps et plus particulièrement l'**agitation microscopique** des particules constituant ce corps.

• Réalisation d'un thermomètre

On a vu qu'une variation de température entraîne une variation de volume.

La variation de volume d'un liquide permet donc la réalisation d'une échelle de température ou thermomètre.

Un thermomètre est constitué d'un ballon de verre surmonté d'une tige cylindrique de verre et contenant un liquide.

Une variation de température entraîne la dilatation du liquide et donc une variation du volume du liquide. Il suffit de repérer deux températures, appelées **points fixes** :

- le 0 °C : température de fusion de la glace sous la pression atmosphérique ;
- le 100 °C : température d'ébullition de l'eau pure sous la pression atmosphérique.

• Peut-on abaisser indéfiniment la température d'un corps ?

Les lois de Gay-Lussac et Charles montrent que la température la plus basse que l'on puisse atteindre est $\theta = -273{,}15$ °C.

L'unité de température thermodynamique est le kelvin.

On adopte une nouvelle échelle de température, appelée échelle absolue ou **échelle thermodynamique** définie par la relation :

$T = \theta + 273{,}15$	T : température absolue en kelvin (symbole K) θ : température en degré Celsius (symbole °C)

Notion de quantité de chaleur

Il ne faut pas confondre température et chaleur.

La chaleur associée à l'énergie calorifique caractérise l'agitation thermique à l'échelle microscopique. C'est un transfert d'énergie désordonnée. La transmission de la chaleur s'effectue spontanément des zones de hautes températures vers les zones de basses températures.

Chaleur et énergie d'agitation microscopique

L'énergie d'agitation microscopique d'un corps représente l'énergie emmagasinée par le corps, en raison de sa température, sous forme d'énergie cinétique microscopique et d'énergie potentielle microscopique.

Pour un système de composition chimique invariable engagé dans des transferts par chaleur avec le milieu extérieur à l'exclusion de toute autre forme de transfert, la variation d'énergie d'agitation microscopique du système est égale à la chaleur échangée par le système, soit :

$\Delta\mathcal{E}_{a,m} = Q$	$\Delta\mathcal{E}_{a,m}$: variation d'énergie d'agitation thermique en J Q : chaleur reçue par le système en J

Expressions de la quantité de chaleur Q échangée

Chaleur et température sont donc deux grandeurs liées. Lorsqu'un corps reçoit ou cède de la chaleur, il se produit :

- soit une variation de sa température sans changement d'état,
- soit un changement de son état physique, à température constante.

Les solides et les liquides étant incompressibles, on envisagera donc pour ces deux cas des échanges sous pression constante.

• Le transfert thermique ne produit pas de changement d'état

– On appelle **capacité calorifique** ou **thermique** d'un corps la quantité de chaleur qu'il faut fournir au corps pour élever sa température de 1 °C.

Si un corps s'échauffe de la tempéraure T_i à la température T_f, il reçoit la quantité de chaleur Q telle que :

$Q = \mu(T_f - T_i)$	Q : chaleur échangée en J μ : capacité calorifique en J. K^{-1} T_f et T_i : température finale et température initiale en °C ou K

– La **chaleur massique** d'un corps homogène est égale à la quantité de chaleur qu'il faut fournir à l'unité de masse de ce corps pour élever sa température de 1 °C sans modification de son état physique, soit :

$Q = mC(T_f - T_i) = nC_m(T_f - T_i)$	Q : chaleur échangée en J m : masse en kg C : chaleur massique en J. K^{-1}. kg^{-1} C_m : capacité calorifique molaire en J. K^{-1}. mol^{-1} T_f et T_i : température finale et température initiale en °C ou K

Remarques :

- Souvent on envisage les cas d'échanges sous pression constante ou à volume constant. On notera les chaleurs échangées par :
  - Q_P : chaleur échangée sous pression constante
  - Q_V : chaleur échangée à volume constant
- Pour une transformation élémentaire, on a :
  - $dQ_P = mC_P dT$: cas d'un échange sous pression constante
  - ou
  - $dQ_V = mC_V dT$: cas d'un échange à volume constant

– Relation entre capacité calorifique et chaleur massique.

Des définitions précédentes, on déduit pour un corps homogène de masse m :

$\mu = mC$	μ : capacité calorifique en J. K^{-1} m : masse du corps homogène en kg C : chaleur massique en J. K^{-1}. kg^{-1}

• Le transfert thermique produit un changement d'état

$Q = mL_{i\longrightarrow f}$	Q : chaleur échangée en J m : masse en kg $L_{i\longrightarrow f}$: chaleur latente massique de changement d'état en J. kg^{-1}

Le travail W et la chaleur Q dépendent du chemin suivi.

L'énergie interne d'un système représente la somme des énergies microscopiques cinétiques et potentielles d'interaction de toutes les particules constitutives du système.

La somme algébrique de la quantité de chaleur Q et de la quantité de travail W échangées par un système avec le milieu extérieur ne dépend que de l'état initial et de l'état final.

Que représente l'énergie interne ?

On a constaté que pour toute modification conduisant un système d'un même état initial à un même état final, la somme du travail W et de la chaleur Q mis en jeu prenait la même valeur (Fig. 5.5).

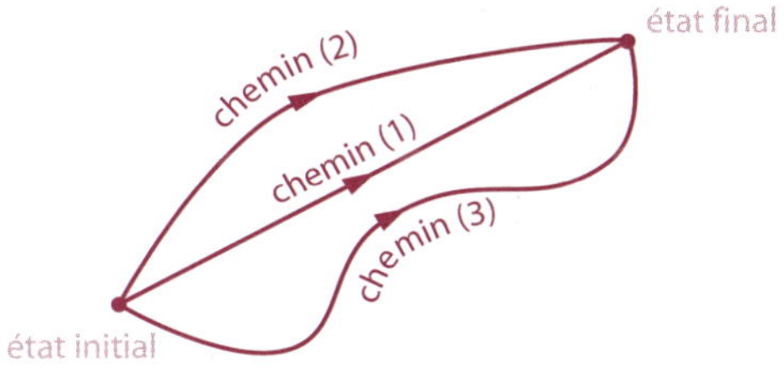

$$W_1 + Q_1 = W_2 + Q_2 = W_3 + Q_3$$

Figure 5.5

On peut donc admettre qu'à tout système physique est associée une grandeur physique appelée énergie interne notée U.

Des méthodes statistiques permettent d'attribuer au gaz parfait les valeurs d'énergie interne suivantes :

- pour un gaz monoatomique : $U = \frac{3}{2}nRT$;
- pour un gaz diatomique : $U = \frac{5}{2}nRT$.

Quel est l'énoncé du premier principe ?

Au cours d'une transformation quelconque, la variation de l'énergie interne U d'un système entre deux états de repos est égale à l'énergie reçue par le système.

Si W et Q représentent le travail et la chaleur reçue par le système au cours de la transformation, alors :

$\Delta U = W + Q$	$\Delta U = U_f - U_i$: variation d'énergie interne en J W : travail échangé en J Q : chaleur échangée en J

Exemples :

- Pour un cycle : $U_f = U_i$, on a donc $\Delta U = 0$ et $W + Q = 0$,
- pour un système thermiquement isolé, $Q = 0$, et par suite $\Delta U = W$ (transformation adiabatique).

QCM

5.1 Abondonné sans vitesse initiale d'une hauteur $h = 500$ m au-dessus du sol, un solide de masse $m = 2{,}0$ kg touche le sol à la vitesse $v = 60$ m. s^{-1}.

En l'absence de frottement, le solide toucherait le sol avec la vitesse de :

❑ **a.** 99 m. s^{-1} ❑ **b.** 70 m. s^{-1}

L'énergie calorifique dégagée est de :

❑ **c.** 9 800 J ❑ **d.** 3 600 J ❑ **e.** 6 200 J

5.2 Un morceau de plomb lâché d'un point A sans vitesse initiale, glisse sans frottement le long d'un plan incliné AB d'un angle α par rapport à l'horizontale (Fig. 5.6).

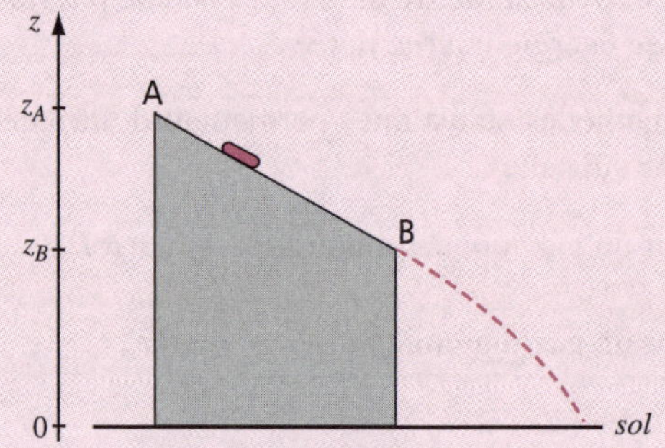

Figure 5.6

Sa vitesse en B est de :

❑ **a.** 17,7 m. s^{-1} ❑ **b.** 12,5 m. s^{-1}

Arrivé en B, il quitte le plan incliné et poursuit une chute libre jusqu'à son impact avec le sol.
On admet que, au point d'impact toute l'énergie mécanique du morceau de plomb est transformée en énergie calorifique.
Si 80 % de cette énergie calorifique sert à échauffer le morceau de plomb alors l'élévation de température est de :

❑ **c.** 0,8 °C ❑ **d.** 1,2 °C ❑ **e.** 2,2 °C

Données :
$z_A = 20{,}0$ m ; $z_B = 12{,}0$ m ; $AB = 16{,}0$ m ; $\alpha = 30$ ° ; $g = 9{,}8$ m. s^{-2}.
Chaleur massique du plomb : $C_{plomb} = 128$ J. kg^{-1}. K^{-1}.

5.3 On mélange une masse $m_1 = 200$ g d'eau à la température $\theta_1 = 50$ °C et une masse $m_2 = 120$ g d'eau à la température $\theta_2 = 80$ °C.
La température finale θ_{f1} du mélange est :

❑ **a.** 61,2 °C ❑ **b.** 56 °C

On introduit ensuite un morceau de glace, issu d'un mélange eau-glace, de masse $m = 50$ g.
La température finale θ_{f2} du mélange est :

❑ **c.** 29,4 °C ❑ **d.** 45,2 °C ❑ **e.** 50,4 °C

On donne :
- Capacité thermique massique de l'eau liquide : $C_{eau} = 4185$ J. kg^{-1}. K^{-1}.
- Chaleur latente de fusion de la glace : $L_f = 335$ kJ. kg^{-1}.

Exercices

5.4 Remplissage d'une baignoire

Un étudiant désirant prendre un bain fait couler dans une baignoire 80 L d'eau chaude à 45 °C, puis de l'eau froide à 20 °C.

Déterminer le volume d'eau froide que l'étudiant doit ajouter pour obtenir un bain à 37 °C ?

Dans cet exercice, on négligera les échanges de chaleur avec l'air ambiant ainsi que la capacité calorifique de la baignoire.

5.5 Chaleur latente de fusion de la glace

Un calorimètre, à parois adiabatiques, contient une masse $m_1 = 200$ g d'eau. La température à l'intérieur du calorimètre est $\theta_1 = 21$ °C.

D'un mélange eau-glace, on extrait un morceau de glace préalablement essuyé, de masse $m_2 = 50$ g, que l'on introduit dans le calorimètre. La température finale, à l'équilibre thermique de l'ensemble est $\theta_2 = 3$ °C.

Calculer la chaleur latente de fusion de la glace.

On donne :

Capacité calorifique du calorimètre et de ses accessoires (agitateur + thermomètre) : $\mu = 130$ J. K^{-1}.

Capacité thermique massique de l'eau liquide : $C_{eau} = 4185$ J. kg^{-1}. K^{-1}.

5.6 Bombardement électronique

À l'aide d'un faisceau d'électrons homocinétiques correspondant à un courant d'intensité $I = 50$ μA et de vitesse $v = 3{,}0.10^7$ m. s^{-1}, on bombarde pendant une durée $\Delta t = 1$ min, un morceau de plomb de masse $m = 5$ g.

On admet que toute l'énergie cinétique des électrons est transférée au morceau de plomb sous forme de chaleur.

En supposant que les pertes thermiques sont négligeables, calculer l'élévation de température du morceau de plomb.

Données :

- Chaleur massique du plomb : $C = 128$ J. kg^{-1}. K^{-1}.
- Masse d'un électron : $m_e = 9{,}1.10^{-31}$ kg.
- Charge élémentaire : $e = 1{,}6.10^{-19}$ C.

5.7 Calculs de transferts thermiques

On introduit dans un calorimètre un volume $V_1 = 500$ mL d'eau. Après agitation, la température d'équilibre de l'eau vaut $\theta_1 = 28{,}2$ °C.

Le calorimètre est considéré comme parfait.

On souhaite refroidir ce volume V_1 d'eau afin que sa température finale soit $\theta_2 = 10{,}0$ °C.

Calculer la masse minimale de glace, prise dans un congélateur à la température $\theta_3 = -18{,}0$ °C, qu'il faut introduire dans le calorimètre.

Données :

- Capacité calorique du calorimètre et de ses accessoires : $\mu = 250$ J. K^{-1}.
- Capacité thermique massique de l'eau liquide :
$$C_{eau} = 4185 \text{ J. kg}^{-1}\text{. K}^{-1}.$$
- Capacité thermique massique de la glace :
$$C_{glace} = 2100 \text{ J. kg}^{-1}\text{. K}^{-1}.$$
- Chaleur latente de fusion de la glace :
$$L_f = 335 \text{ kJ. kg}^{-1}.$$

5.8 Énergie interne

Deux réservoirs identiques aux parois rigides et parfaitement calorifugées communiquent entre eux par un tube étroit muni d'un robinet R. On note par V_0 le volume d'un des réservoirs. À l'état initial, le compartiment noté A contient une mole de gaz parfait monoatomique à la température T_0 et le compartiment B est vide. La pression initiale est notée P_0 (Fig. 5.7).

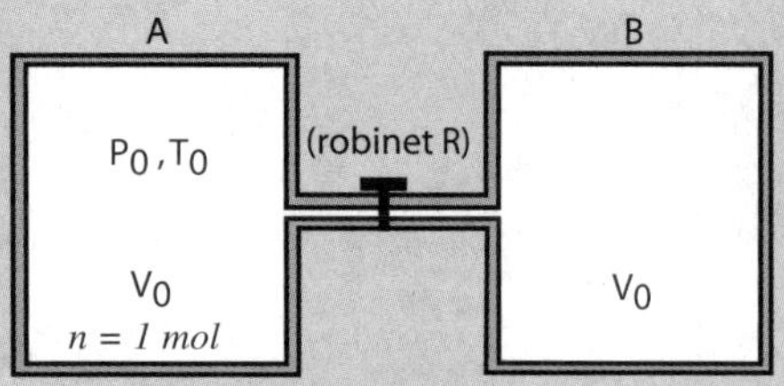

Figure 5.7

On ouvre le robinet et le gaz se répartit dans les deux réservoirs et atteint un nouvel équilibre thermodynamique. On note par T_f la température finale et par P_f la pression finale.

1. Définir l'énergie interne.

2. Énoncer le premier principe de la thermodynamique.

3. Déterminer le transfert thermique Q, le travail des forces de pression W ainsi que la variation d'énergie interne ΔU.

4. Définir un gaz parfait monoatomique.

Déterminer P_0, T_f et P_f en fonction des données et faire les applications numériques.

Données :

$V_0 = 12$ L ; $T_0 = 300$ K

Corrigés

QCM

5.1 **Les affirmations correctes sont a. et e.**

En l'absence de frottement, le solide serait en chute libre. Sa vitesse après une chute d'une hauteur h est donnée par :

$$v = \sqrt{2gh}$$

Soit numériquement : $v = \sqrt{2 \times 9{,}8 \times 500} \simeq 99$ m. s^{-1}.

À l'altitude $h = 500$ m, le solide possède l'énergie potentielle de pesanteur :

$$\mathcal{E}_{pp} = mgh$$

Soit numériquement : $\mathcal{E}_{pp} = 2{,}0 \times 9{,}8 \times 500 = 9\,800$ J.

Arrivé au sol, juste avant l'impact, il possède l'énergie cinétique :

$$\mathcal{E}_c = \frac{1}{2}mv^2$$

Numériquement : $\mathcal{E}_c = \frac{1}{2} \times 2{,}0 \times 60^2 = 3\,600$ J.

L'énergie calorifique dégagée est donc : $Q = \mathcal{E}_{pp} - \mathcal{E}_c$

Soit numériquement : $Q = 6\,200$ J.

5.2 **Les affirmations correctes sont b. et d.**

• En l'absence de frottement, l'énergie mécanique se conserve, donc :

$$\mathcal{E}_{mA} = \mathcal{E}_{mB}$$

$\mathcal{E}_{mA} = \mathcal{E}_{cA} + \mathcal{E}_{ppA} = 0 + mgz_A$;

$\mathcal{E}_{mB} = \mathcal{E}_{cB} + \mathcal{E}_{ppB} = \frac{1}{2}mv_B^2 + mgz_B$ (on prend le sol comme niveau de référence des énergies potentielles de pesanteur).

Ainsi :

$$mgz_A = \frac{1}{2}mv_B^2 + mgz_B$$

Soit :

$$v_B = \sqrt{2g(z_A - z_B)}$$

Numériquement, $v_B = \sqrt{2 \times 9{,}8 \times (20{,}0 - 12{,}0)} = 12{,}5$ m. s^{-1}.

• L'énergie mécanique en B est :

$$\mathcal{E}_{mB} = \frac{1}{2}mv_B^2 + mgz_B$$

Au point d'impact, toute l'énergie mécanique se transforme en chaleur.
Soit Q cette chaleur.

Donc $Q = \frac{1}{2}mv_B^2 + mgz_B$.

80 % de la chaleur Q est reçue par le morceau de plomb, soit $Q_{\text{reçue}} = 0{,}8.Q$ avec $Q_{\text{reçue}} = mC_{plomb}\Delta\theta$
Ainsi :

$$mC_{plomb}\Delta\theta = 0{,}8.\left(\frac{1}{2}mv_B^2 + mgz_B\right)$$

En simplifiant par m puis en divisant par C_{plomb}, il vient :

$$\Delta\theta = \frac{0{,}8}{C_{plomb}}\left(\frac{1}{2}v_B^2 + gz_B\right)$$

Application numérique : $\Delta\theta = \frac{0{,}8}{128} \times \left(\frac{1}{2} \times 12{,}5^2 + 9{,}8 \times 12{,}0\right) \simeq 1{,}2\ °C$

5.3 **Les affirmations correctes sont a. et e.**

Bilan des échanges thermique :

• Quantité de chaleur échangée par l'eau à 50 °C :

$$Q_1 = m_1 C_{eau}(\theta_{f1} - \theta_1) \quad \text{avec} \quad \left| \begin{array}{l} m_1 = 200\ \text{g} \\ \theta_1 = 50\ °C \\ \theta_{f1} : \text{température d'équilibre à déterminer} \end{array} \right.$$

• Quantité de chaleur échangée par l'eau à 80 °C :

$$Q_2 = m_2 C_{\text{eau}}(\theta_{f1} - \theta_2) \quad \text{avec} \quad \left| \begin{array}{l} m_2 = 120\ \text{g} \\ \theta_2 = 80\ °C \\ \theta_{f1} : \text{température d'équilibre à déterminer} \end{array} \right.$$

À l'équilibre thermodynamique, on a :

$$Q_1 + Q_2 = 0$$

Soit :

$$m_1 C_{eau}(\theta_{f1} - \theta_1) + m_2 C_{eau}(\theta_{f1} - \theta_2) = 0$$

En simplifiant par C_{eau}, il s'ensuit :

$$m_1(\theta_{f1} - \theta_1) + m_2(\theta_{f1} - \theta_2) = 0$$

D'où :

$$\theta_{f1} = \frac{m_1\theta_1 + m_2\theta_2}{m_1 + m_2}$$

Application numérique :

$$\theta_{f1} = \frac{0{,}20 \times 50 + 0{,}12 \times 80}{0{,}20 + 0{,}12} \simeq 61{,}2\ °C$$

On part maintenant avec une eau de masse $m_3 = 320$ g à la température $\theta_{f1} = 61{,}2$ °C.
Lorsqu'on ajoute le morceau de glace, à l'équilibre, la température passe à θ_{f2}.

Bilan des échanges thermiques

- La masse m_3 d'eau échange la quantité de chaleur Q_3 telle que $Q_3 = m_3 C_{eau}(\theta_{f2} - \theta_{f1})$.
- Le morceau de glace est à la température initiale $\theta_0 = 0\ °C$ (il est issu d'un mélange eau-glace).

Le passage du morceau de glace de masse m (à la température $\theta_0 = 0\ °C$) à l'eau (à la température θ_{f2}) s'accompagne de deux transferts thermiques : un transfert thermique produisant le changement d'état et un transfert thermique ne produisant pas de changement d'état avec :

$$\left| \begin{array}{l} Q_4 = mL_f \\ Q_5 = mC_{eau}(\theta_{f2} - \theta_{f1}) \end{array} \right.$$

À l'équilibre thermodynamique, on a :

$$Q_3 + Q_4 + Q_5 = 0$$

Soit,

$$m_3 C_{eau}(\theta_{f2} - \theta_{f1}) + mL_f + mC_{eau}(\theta_{f2} - \theta_{f1}) = 0$$

D'où :

$$\theta_{f2} = \frac{(m_3 + m)C_{eau}\theta_{f1} - mL_f}{(m_3 + m)C_{eau}}$$

Application numérique :

$$\theta_{f2} = \frac{(0{,}32 + 0{,}050) \times 4185 \times 61{,}2 - 0{,}050 \times 335.10^3}{(0{,}32 + 0{,}050) \times 4185} \simeq 50{,}4\ °C$$

Exercices

5.4

Bilan des échanges thermiques :

La quantité de chaleur échangée par l'eau froide s'écrit :

$$Q_1 = m_1 C_{eau}(\theta_f - \theta_1)$$

$$\text{avec} \left| \begin{array}{l} m_1 : \text{masse d'eau froide à déterminer} \\ \theta_1 = 20\ °C \\ \theta_f = 37\ °C : \text{température d'équilibre} \end{array} \right.$$

Remarque : l'eau froide reçoit la quantité de chaleur Q_1, $Q_1 > 0$.

La quantité de chaleur échangée par l'eau chaude s'écrit :

$$Q_2 = m_2 C_{eau}(\theta_f - \theta_2)$$

$$\text{avec} \left| \begin{array}{l} m_2 : \text{masse d'eau chaude} \\ \theta_2 = 45\ °C \\ \theta_f = 37\ °C : \text{température d'équilibre} \end{array} \right.$$

Remarque : l'eau chaude cède la quantité de chaleur Q_2, $Q_2 < 0$.

À l'équilibre thermodynamique, on a :

$$Q_1 + Q_2 = 0$$

Soit $\quad m_1 C_{eau}(\theta_f - \theta_1) + m_2 C_{eau}(\theta_f - \theta_2) = 0$

En simplifiant par C_{eau}, il s'ensuit :

$$m_1(\theta_f - \theta_1) + m_2(\theta_f - \theta_2) = 0$$

D'où : $\quad m_1 = -\dfrac{m_2 \times (\theta_f - \theta_2)}{\theta_f - \theta_1}$

La masse volumique de l'eau étant de 1 000 kg. m^{-3}, un volume d'eau de 80 L correspond donc à une masse $m_2 = 80$ kg.

Application numérique :

$$m_1 = -\frac{80 \times (37 - 45)}{37 - 20} \simeq 37{,}65 \text{ kg},$$

soit un volume de 37,65 L.

5.5

Le calorimètre est à parois adiabatiques, donc la somme des quantités de chaleur est nulle.

Bilan des quantités de chaleur échangées :

• Le calorimètre et ses accessoires échangent la quantité de chaleur Q_1 telle que :

$$Q_1 = \mu(\theta_2 - \theta_1) \quad \left| \begin{array}{l} \mu : \text{capacité calorifique en J. K}^{-1} \\ \theta_1 = 21\ ^\circ\text{C : température initiale} \\ \theta_2 = 3\ ^\circ\text{C : température finale d'équilibre} \end{array} \right.$$

• La masse m_1 d'eau initiale échange la quantité de chaleur Q_2 :

$$Q_2 = m_1 C_{eau}(\theta_2 - \theta_1)$$

$$\text{avec} \left| \begin{array}{l} m_1 = 200\ \text{g : masse d'eau introduite} \\ \theta_1 = 21\ ^\circ\text{C} \\ \theta_2 = 3\ ^\circ\text{C : température finale d'équilibre} \end{array} \right.$$

• Le morceau de glace est à la température initiale $\theta_0 = 0\ ^\circ\text{C}$ (il est issu d'un mélange eau-glace).

Le passage du morceau de glace de masse m_2 (à la température $\theta_0 = 0\ ^\circ\text{C}$) à l'eau (à la température $\theta_2 = 3\ ^\circ\text{C}$) s'accompagne de deux transferts thermiques : un transfert thermique produisant le changement d'état et un transfert thermique ne produisant pas de changement d'état.

D'où le schéma :

$$\text{glace à } \theta_0 = 0\ ^\circ\text{C} \underset{Q_3}{\longrightarrow} \text{glace à } \theta_0 = 0\ ^\circ\text{C} \underset{Q_4}{\longrightarrow} \text{eau à } \theta_2 = 3\ ^\circ\text{C}$$

avec

$$\left| \begin{array}{l} Q_3 = m_2 L_f \ ;\ L_f : \text{chaleur latente de la glace à déterminer} \\ Q_4 = m_2 C_{eau}(\theta_2 - \theta_0) \end{array} \right.$$

À l'équilibre thermodynamique, on a :

$$Q_1 + Q_2 + Q_3 + Q_4 = 0$$

Soit,

$$\mu(\theta_2 - \theta_1) + m_1 C_{eau}(\theta_2 - \theta_1) + m_2 L_f + m_2 C_{eau}(\theta_2 - \theta_0) = 0$$

D'où :

$$L_f = -\frac{\mu(\theta_2 - \theta_1) + m_1 C_{eau}(\theta_2 - \theta_1) + m_2 C_{eau}(\theta_2 - \theta_0)}{m_2}$$

Application numérique :

$$L_f = -\frac{130 \times (3 - 21) + 0{,}200 \times 4\,185 \times (3 - 21) + 0{,}050 \times 4\,185 \times (3 - 0)}{0{,}050}$$

$$= 335{,}6\ \text{kJ. kg}^{-1}$$

5.6

Dans un premier temps il faut déterminer le nombre total d'électrons qui viennent heurter le morceau de plomb.

L'intensité d'un courant électronique est un débit de charge, soit :

$$I = \frac{|Q|}{\Delta t} \text{ avec } |Q| = Ne$$

où N représente le nombre total d'électrons.

Ainsi : $N = \dfrac{I\Delta t}{e}$; attention, Δt en s !

L'énergie cinétique d'un électron est :

$$\mathcal{E}_c = \frac{1}{2} m_e v^2$$

L'énergie cinétique des N électrons sera donc de :

$$\mathcal{E}_{cT} = N \times \frac{1}{2} m_e v^2 = \frac{1}{2} m_e \frac{I\Delta t}{e} v^2$$

La quantité de chaleur échangée par le morceau de plomb est :

$$Q = mC_{plomb}\Delta\theta$$

Comme toute l'énergie cinétique des électrons est transférée au morceau de plomb sous forme de chaleur, alors :

$$\frac{1}{2} m_e \frac{I\Delta t}{e} v^2 = mC_{plomb}\Delta\theta$$

Et donc : $\Delta\theta = \dfrac{I\Delta t}{2emC_{plomb}} m_e v^2$

Application numérique :

$$\Delta\theta = \frac{50.10^{-6} \times 60}{2 \times 1{,}6.10^{-19} \times 5.10^{-3} \times 128} \times 9{,}1.10^{-31} \times (3{,}0.10^7)^2$$

$$\simeq 12\ ^\circ\text{C}$$

5.7

Faisons un bilan des échanges thermique (comme pour l'exercice 5.4).

La quantité de chaleur échangée par l'eau froide s'écrit :

$$Q_1 = m_1 C_{eau}(\theta_2 - \theta_1)$$

$$\text{avec} \left| \begin{array}{l} m_1 = \rho_{eau}.V_1 : \text{masse d'eau introduite} \\ \theta_1 = 28{,}2\ ^\circ\text{C} \\ \theta_2 = 10\ ^\circ\text{C température d'équilibre} \end{array} \right.$$

Remarque : l'eau froide cède la quantité de chaleur Q_1, $Q_1 < 0$.

Quantité de chaleur échangée par le calorimètre :

$$Q_2 = \mu(\theta_2 - \theta_1) \quad \left| \begin{array}{l} Q_2 \text{ : chaleur échangée en J} \\ \mu \text{ : capacité calorifique en J. K}^{-1} \\ \theta_1 = 28{,}2\ °\text{C} \\ \theta_2 = 10\ °\text{C : température d'équilibre} \end{array} \right.$$

Remarque : le calorimètre cède la quantité de chaleur Q_2, $Q_2 < 0$.

Quantité de chaleur échangée par le morceau de glace :

Le morceau de glace subit une transformation d'état *glace* $\longrightarrow$ *eau*.

Le schéma suivant retrace les différentes chaleurs échangées :

$$\text{glace à } \theta_3 = -18\ °\text{C} \underset{Q_3}{\longrightarrow} \text{glace à } \theta_4 = 0\ °\text{C}$$

$$\underset{Q_4}{\longrightarrow} \text{eau à } \theta_4 = 0\ °\text{C} \underset{Q_5}{\longrightarrow} \text{eau à } \theta_2 = 10\ °\text{C}$$

$$\text{avec} \left| \begin{array}{l} Q_3 = m_g C_g(\theta_4 - \theta_3)\ ;\ m_g \text{ : masse de glace à déterminer} \\ Q_4 = m_g L_f \\ Q_5 = m_{eau} C_{eau}(\theta_2 - \theta_4) \text{ avec } m_{eau} = m_g \end{array} \right.$$

À l'équilibre thermodynamique, on a :

$$Q_1 + Q_2 + Q_3 + Q_4 + Q_5 = 0$$

Soit,

$$m_1 C_{eau}(\theta_2 - \theta_1) + \mu(\theta_2 - \theta_1) + m_g C_{glace}(\theta_4 - \theta_3) + m_g L_f + m_g C_{eau}(\theta_2 - \theta_4) = 0$$

D'où :

$$m_g = -\frac{m_1 C_{eau}(\theta_2 - \theta_1) + \mu(\theta_2 - \theta_1)}{C_{glace}(\theta_4 - \theta_3) + L_f + C_{eau}(\theta_2 - \theta_3)}$$

Application numérique :

$$m_1 = 1\,000 \times 0{,}5.10^{-3} = 0{,}5 \text{ kg}$$

et donc :

$$m_g = -\frac{0{,}5 \times 4\,185 \times (10 - 28{,}2) + 250 \times (10 - 28{,}2)}{2\,100 \times (0 + 18) + 335.10^3 + 4\,185 \times (10 - 0)}$$

$$= 0{,}1028 \text{ kg, soit } 102{,}8 \text{ g}$$

5.8

1. L'énergie interne représente la somme des énergies microscopiques (cinétique et potentielle) d'un système.

2. Énoncé du premier principe de la thermodynamique :

La variation de l'énergie interne d'un système fermé est égale à l'énergie échangée avec l'extérieur, sous forme de chaleur et de travail :

$$\Delta U = W + Q$$

3. Le système est adiabatique, il n'y a donc aucun échange de chaleur avec le milieu extérieur, le transfert thermique Q est donc nul.

Le système est indéformable : le travail des forces de pression W est nul

En conséquence :

$$\Delta U = 0 \text{ ; l'énergie interne est constante.}$$

4. Gaz parfait monoatomique

• Les espèces constituants le gaz sont des atomes ; l'énergie interne est sous forme d'énergie cinétique des molécules.

La variation d'énergie interne est telle que :

$$\Delta U = C_{vm}(T_f - T_0)$$

$|C_{vm}$: capacité calorifique molaire à volume constant

Comme $\Delta U = 0$, alors $T_f = T_0$: la transformation est donc une transformation isotherme.

• Le gaz étant un gaz parfait, il obéit à la loi des gaz parfaits, soit :

$$PV = nRT$$

Comme $T = cste$, alors : $PV = ctse$.

Schématisons la transformation par :

$$\underset{(P_0,\, T_0,\, V_0)}{\text{État initial}} \longrightarrow \underset{(P_1,\, T_1 = T_0,\, V_1)}{\text{État final}}$$

Le produit PV étant constant :

$$P_0 V_0 = P_1 V_1$$

Comme $V_1 = 2V_0$, alors :

$$P_0 V_0 = P_1 \times (2V_0)$$

Et par suite :

$$P_1 = \frac{P_0}{2} \text{ avec } P_0 = \frac{nRT_0}{V_0}$$

Application numérique :

$$P_0 = \frac{1 \times 8{,}314 \times 300}{12.10^{-3}} = 2{,}08.10^5 \text{ Pa et } P_f = 1{,}04.10^5 \text{ Pa}$$

6 Électrocinétique des courants continus

1. Le courant électrique

Qu'est-ce que le courant électrique ?

Certains matériaux contiennent des particules chargées libres de se déplacer à l'intérieur de ces matériaux.

Conduction métallique

• Les métaux et leurs alliages

Ce sont des empilements d'atomes disposés suivant un motif cristallin, une maille, qui se reproduit identique à lui-même dans tout le cristal en constituant un réseau.

Dans un matériau conducteur, les électrons libres peuvent se déplacer entre les atomes et les ions métalliques.

Dans les cristaux métalliques, les nœuds du réseau sont occupés par des ions positifs immobiles et autour d'eux se trouvent des électrons chargés négativement. Une partie des électrons de chaque atome sont libres de se déplacer dans le métal.

– En l'absence de champ électrique extérieur (donc de tension électrique) les électrons libres ont un mouvement désordonné (Fig. 6.1).

Cette agitation dans toutes les directions est analogue à l'agitation thermique dans le gaz.

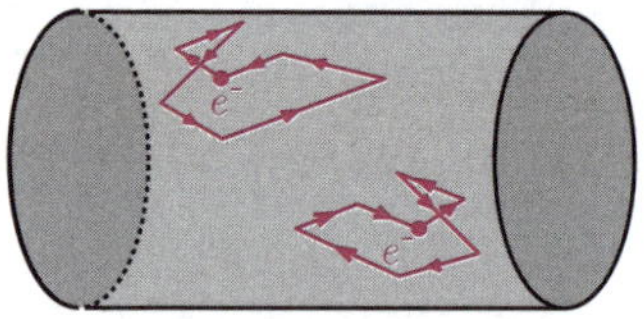

Figure 6.1

Par exemple, pour le cuivre, les électrons se déplacent à des vitesses de l'ordre de 3.10^6 m.s^{-1}.

Les vitesses de déplacement sont élevées mais ont des directions et intensités tout à fait quelconques.

– Si on soumet le métal à un champ électrique, l'équilibre électrostatique est rompu et sous l'effet du champ $\overrightarrow{E}$ les électrons prennent un mouvement d'ensemble (Fig. 6.2).
C'est ce mouvement d'ensemble qui constitue le courant électrique. La vitesse du mouvement d'ensemble est relativement faible, de l'ordre de 1 mm. s^{-1}.
Un courant électrique est un mouvement d'ensemble de porteurs de charge.

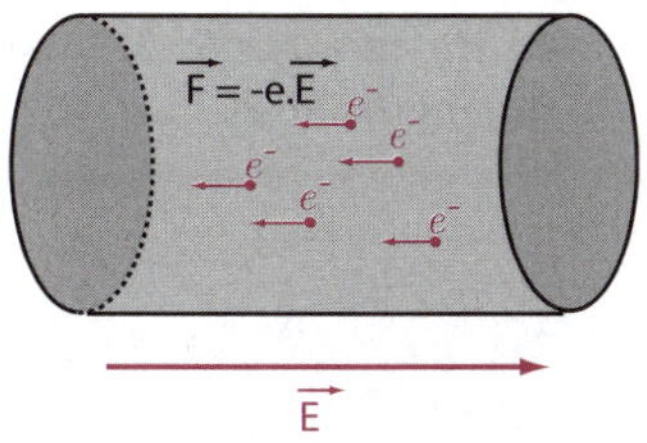

Figure 6.2

• **Les semi-conducteurs**

C'est encore un mouvement d'ensemble de certains électrons qui explique en partie la conductivité des semi-conducteurs.

Si dans un métal il y a 1 à 2 électrons libres par atome, dans un semi-conducteur il y a 1 à 2 électrons libres pour 10^5 atomes.

Conduction ionique

Les électrolytes : ce sont des solutions qui conduisent le courant électrique. Ils contiennent des cations (ions chargés positivement) et des anions (ions chargés négativement).

Le passage du courant s'accompagne d'un transport de matière.

Si on soumet l'électrolyte à une différence de potentiel U, on observe le passage d'un courant électrique dû au déplacement des ions libres à l'intérieur de cet électrolyte.

Quels sont les effets du courant électrique ?

Lorsqu'un conducteur est traversé par un courant électrique on peut observer les effets suivants :

• **Effet Thermique.** Un fil conducteur parcouru par un courant s'échauffe : c'est l'effet Joule.

• **Effet électrolytique ou chimique.** Si l'on fait passer un courant électrique dans un liquide conducteur (électrolyte), solution aqueuse d'acide sulfurique par exemple, la solution se décompose : on observe un dégagement de O_2 (au niveau de l'anode) et un dégagement de H_2 (au niveau de la cathode).

• **Effet électromagnétique.** Dans l'expérience d'Œrsted, l'aiguille aimantée d'une boussole pivote lorsque le fil est parcouru par un courant électrique.

On peut donc conclure qu'un courant électrique génère un champ magnétique.

Par quelle grandeur caractérise-t-on le courant électrique ?

L'intensité d'un courant électrique est un débit de charge électrique par unité de temps à travers un circuit orienté.

On caractérise l'importance du courant électrique par son intensité $i(t)$.

• L'**intensité du courant électrique** est liée au débit des porteurs de charge, c'est-à-dire au nombre de porteurs de charge traversant une section droite S du conducteur par unité de temps.

On dit qu'un courant est stationnaire si l'intensité i demeure constante à chaque instant en tout point du conducteur.

Si dq représente la charge électrique traversant une section droite du conducteur durant dt, alors :

$i = \dfrac{dq}{dt}$	i : intensité du courant électrique en A q : charge électrique en C t : temps en s

Si le milieu est homogène et isotrope, on montre que le vecteur densité de courant $\vec{j}$ est lié au champ électrique $\vec{E}$ par la relation $\vec{j} = \sigma \vec{E}$ où σ représente la conductibilité du matériau (voir démonstration dans le manuel PCEM1 PHYSIQUE).

• Dans le cas d'un **fil cylindrique homogène**, on définit la densité de courant j par :

$i = j.S$	i : intensité du courant électrique en A j : densité de courant en $A.m^{-2}$ S : section du fil conducteur cylindrique en m^2

Quel est le sens conventionnel du courant ?

Bien que le courant électrique puisse être un déplacement de porteurs de charge positifs et négatifs dans des sens opposés, par convention on attribue au courant le sens du déplacement des seuls porteurs de charges positives (Fig. 6.3).

Dans le cas des métaux, où les porteurs de charges sont des électrons, l'intensité du courant électrique $i(t)$ sera donc représentée par une flèche allant en sens inverse de ceux-ci.

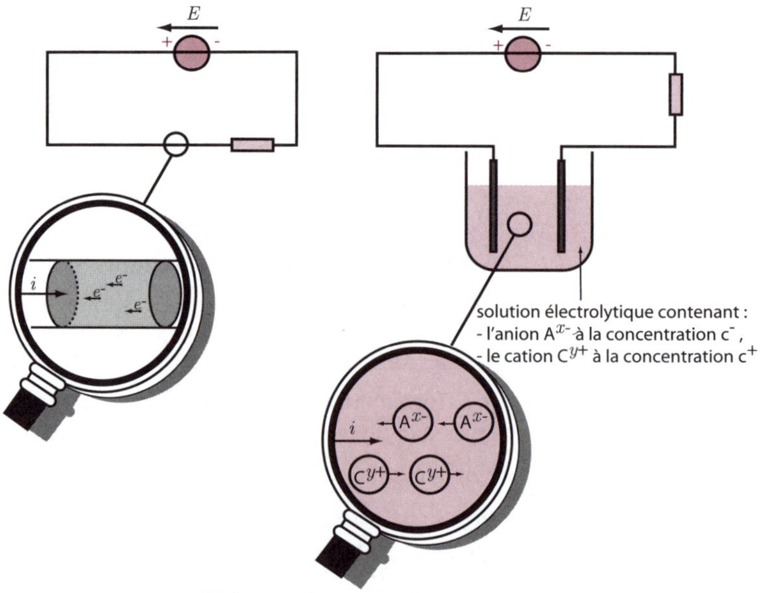

Déplacement des porteurs de charge

a) dans un métal *b) dans une solution électrolytique*

Figure 6.3

Qu'est ce qu'un régime permanent ?

Un circuit électrique parcouru par un courant est en régime permanent lorsque les différentes grandeurs électriques qui le caractérisent sont constantes dans le temps :

- Les potentiels des différents points du circuit sont constants.
- L'intensité i du courant électrique en un point quelconque du circuit est constante.
- Il n'y a accumulation de charge en aucun point du circuit.

En régime permanent, l'intensité du courant électrique est donc la même à travers toute section du circuit.

2. Définitions

- **Un nœud** est un point de jonction de plusieurs conducteurs (point où se rejoignent au moins trois conducteurs).
- **Une branche** formée par l'ensemble de générateurs et de récepteurs placés en série, **va d'un nœud à l'autre**.
- **Une maille** est un contour fermé de générateurs et de récepteurs.
- **Un réseau de conducteurs** est formé par un ensemble de générateurs et de récepteurs. L'ensemble constituant un circuit fermé.

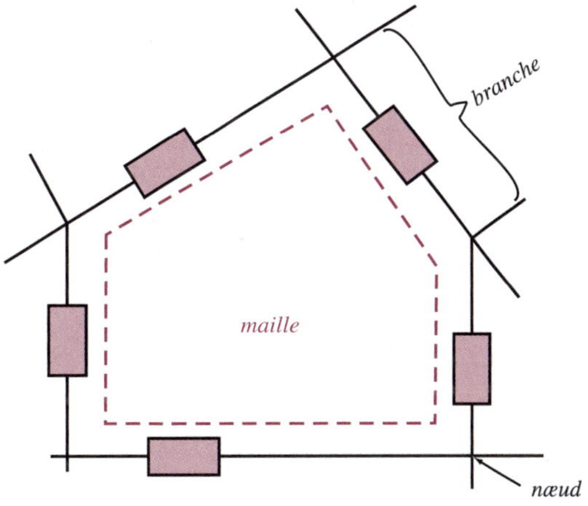

Figure 6.4

3. Les lois de Kirchoff

Comment écrit-on la loi des nœuds ?

La somme des intensités des courants qui partent d'un nœud est égale à la somme des intensités des courants qui arrivent au même nœud.

On pourra affecter du signe (+) les courants qui arrivent au nœud et du signe (–) les courants qui partent du nœud.

Ainsi la somme algébrique des courants est nulle :

$\sum_j \epsilon_j I_j = 0$	I_j : intensité du courant électrique en A $\epsilon_j = +1$, lorsque le courant se dirige vers le nœud ; $\epsilon_j = -1$, lorsque le courant repart du nœud.

Exemple :

Au nœud N, on a :
$i_1 - i_2 + i_3 - i_4 - i_5 = 0$

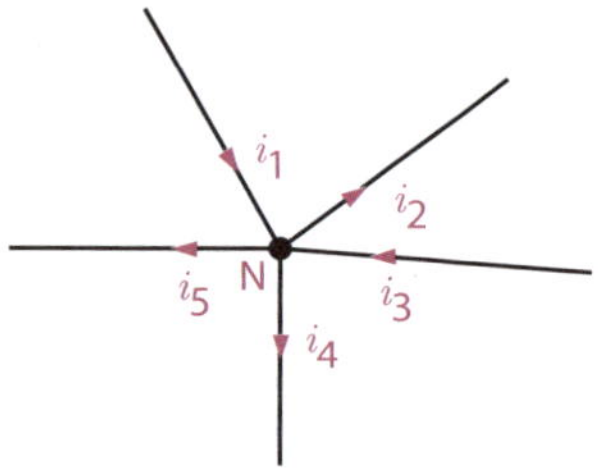

Figure 6.5

Comment écrit-on la loi des mailles ?

Si l'on parcourt une maille dans un sens donné, la somme algébrique des tensions rencontrées le long de cette maille est nulle, soit :

$\sum_j \epsilon_j u_j = 0$	u_j : tension en V $\epsilon_j = +1$, lorsque la flèche représentant la tension u_j est orientée dans le sens de la maille ; $\epsilon_j = -1$, lorsque la flèche représentant la tension u_j est orientée dans le sens inverse de la maille.

Exemple :

La loi des mailles conduit à :

$$-R_1 i_1 + e_1 + R_2 i_2 - e_3 + R_3 i_3 + e_4 - R_4 i_4 = 0$$

soit :

$$\sum_j R_j i_j - \sum_j e_j = 0$$

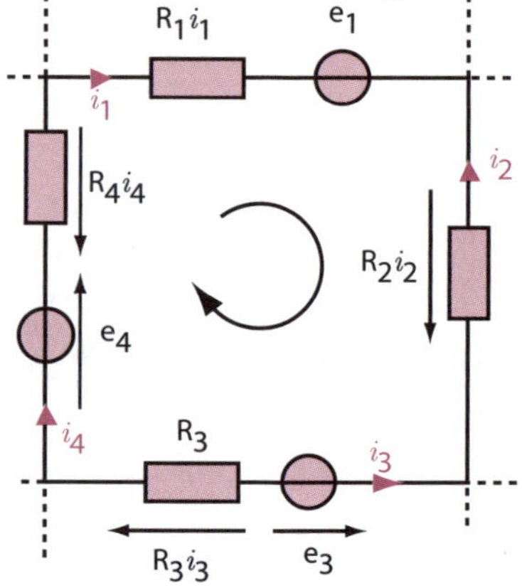

Figure 6.6

4. Le conducteur ohmique

Qu'appelle-t-on caractéristique d'un dipôle ?

Un dipôle est un élément de circuit comportant deux bornes.

On appelle caractéristique d'un dipôle AB la courbe représentant les variations de l'intensité i du courant électrique en fonction de la tension u_{AB} aux bornes de ce dipôle (ou les variations de u_{AB} en fonction de i).

Qu'est-ce qu'un conducteur ohmique ?

On appelle conducteur ohmique, un conducteur qui n'est le siège ni de phénomène d'induction électromagnétique, ni de phénomène chimique : le mouvement des porteurs de charge dans le conducteur n'est dû qu'au seul champ électrique.

Comment s'écrit la loi d'Ohm ?

Comme tout dipôle, un conducteur ohmique ne fonctionne correctement que dans un domaine de tension (et d'intensité) bien déterminé.

La tension u_{AB} aux bornes d'un conducteur ohmique de résistance R est proportionnelle à l'intensité i du courant électrique qui le traverse (à température constante et dans le domaine d'utilisation du conducteur).

Pour un conducteur ohmique la caractéristique est une droite passant par l'origine (Fig. 6.7).

Il ne faut jamais dépasser les valeurs maximales de la tension et de l'intensité supportables par ce dipôle.

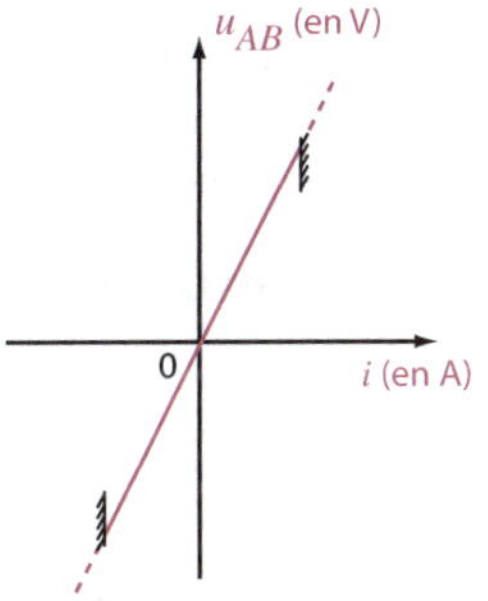

Figure 6.7

En convention récepteur, on écrit :

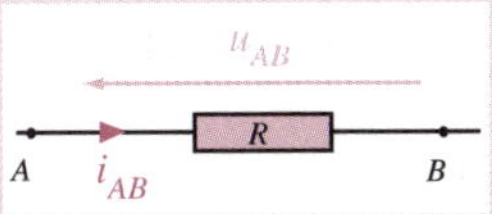

$u_{AB} = Ri_{AB}$, soit $i_{AB} = Gu_{AB}$

u_{AB} : tension en V
i_{AB} : intensité du courant électrique en A
R : résistance du conducteur en Ω
$G = \dfrac{1}{R}$: conductance du conducteur en S

De quels paramètres dépend la résistance ?

• La résistance R d'un conducteur filiforme homogène et à température donnée est fonction de ses paramètres géométriques et physiques, soit :

$R = \rho\frac{l}{S} = \frac{1}{\sigma}\frac{l}{S}$	ρ : résistivité du conducteur en $\Omega.m$ σ : conductibilité en $\Omega^{-1}.m^{-1}$ l : longueur du conducteur en m S : section du conducteur en m^2

• Pour un conducteur métallique, la résistivité ρ et la résistance R varient avec la température :

$\rho = \rho_0(1 + \alpha.\theta)$	ρ_0 : résistivité du conducteur à 0 °C ρ : résistivité du conducteur à la température θ α : coefficient de température qui dépend du métal en $°C^{-1}$ θ : température en °C

Comment détermine-t-on la résistance équivalente à un ensemble de conducteurs ohmiques ?

Dipôle équivalent

L'association de plusieurs conducteurs ohmiques placés entre deux points A et B est équivalente à un conducteur unique, appelé dipôle équivalent, qui placé entre ces deux points ne modifierait ni la tension u_{AB} ni l'intensité i_{AB} du courant électrique dans la branche principale.

Association en série

La résistance équivalente à n résistances montées en série a pour valeur R_{eq} telle que :

$$R_{eq} = \sum_{k=1}^{n} R_k \text{ ; } R_k \text{ et } R_{eq} \text{ en } \Omega$$

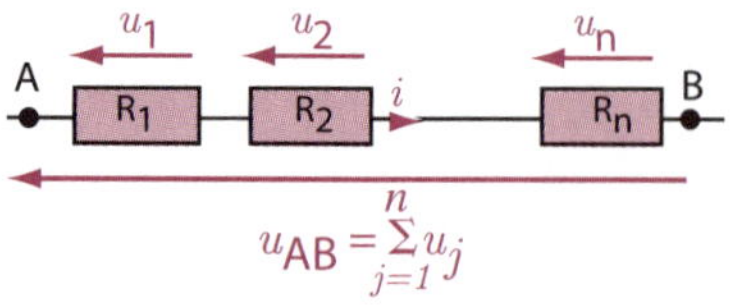

Association en parallèle

La résistance équivalente à n résistances montées en parallèle a pour valeur R_{eq} telle que :

$$\frac{1}{R_{eq}} = \sum_{k=1}^{n} \frac{1}{R_k} \text{ ; } R_k \text{ et } R_{eq} \text{ en } \Omega$$

soit

$$G_{eq} = \sum_{k=1}^{n} G_k \text{ ; } G_k \text{ et } G_{eq} \text{ en S}$$

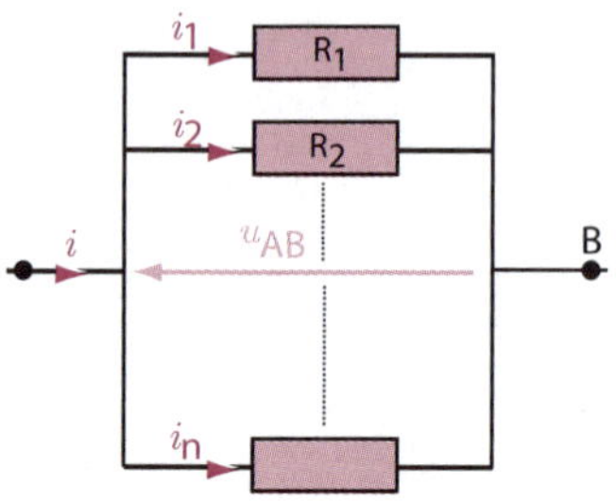

5. Le générateur

Qu'est-ce qu'un générateur ?

Les piles, les batteries d'accumulateurs sont des générateurs.

Un générateur est un dipôle actif fournissant de l'énergie électrique au reste du circuit. Aux bornes d'un tel dipôle existe une tension non nulle en circuit ouvert : c'est la tension à vide appelée force électromotrice ou f.e.m. E.

Comment s'écrit la loi d'Ohm pour un générateur ?

L'étude des caractéristiques de nombreux générateurs montre que celles-ci sont en général rectiligne sur un certain domaine de fonctionnement (Fig. 6.8).

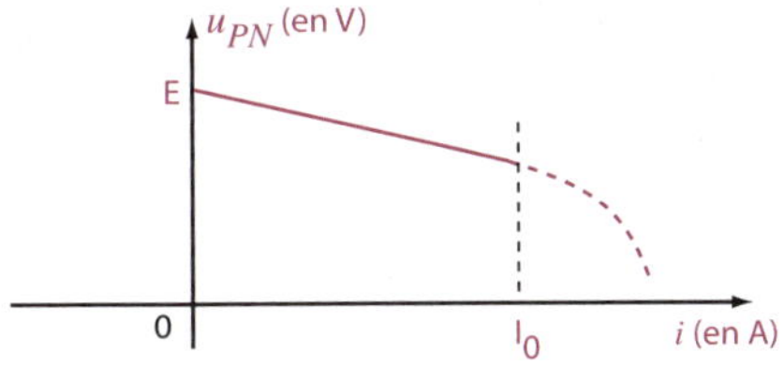

Figure 6.8

L'équation de la partie rectiligne s'écrit :

$$u_{PN} = E - ri$$

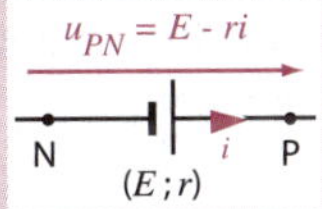

u_{PN} : tension aux bornes du générateur en V
E : tension à vide ou f.e.m. en V
r : résistance interne du générateur en Ω
i : intensité du courant électrique en A

Un générateur linéaire $(E\ ;\ r)$ est équivalent à l'association série d'un générateur idéal de tension E et d'un conducteur ohmique r (Fig. 6.9).

E et r sont des caractéristiques du générateur.

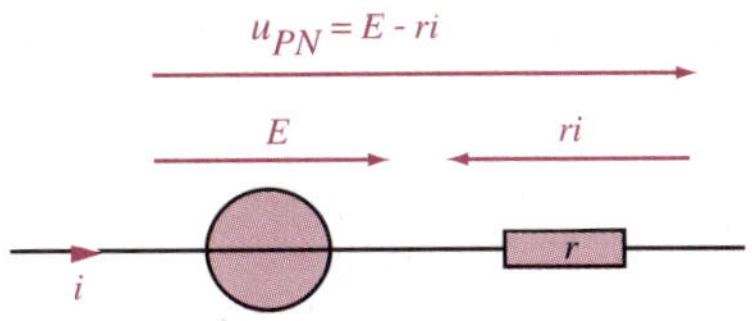

Figure 6.9

6. Énergie électrique

Comment calcule-t-on l'énergie électrique consommée par un dipôle ?

Soit un circuit électrique constitué par un générateur dont les deux pôles sont reliés par un conducteur. Considérons une charge dq passant d'un point A (potentiel V_A) à un point B (potentiel V_B) avec $V_A > V_B$. Cette charge élémentaire subit une chute de tension $u_{AB} = V_A - V_B$.

La charge dq perd donc de l'énergie et cette énergie perdue apparaîtra sous une autre forme suivant la nature du conducteur placé entre A et B.

Le travail fourni par la charge dq en passant de A à B est $\delta W = dq.u$.

La **puissance électrique** $\mathcal{P}$ consommée est : $\mathcal{P} = \dfrac{dW}{dt} = \dfrac{dq.u}{dt} = \dfrac{dq}{dt}u = u.i(t)$

$\mathcal{P}(t) = u(t).i(t)$	$\mathcal{P}(t)$ en W $u(t)$ en V $i(t)$ en A

L'énergie consommée, entre les dates t_1 et t_2, par le conducteur est donc :

$$W = \int_{t_1}^{t_2} \mathcal{P}(t)dt$$

Qu'est-ce que l'effet Joule ?

Tout conducteur parcouru par un courant électrique s'échauffe : c'est l'effet Joule.

Dans le cas d'un conducteur ohmique toute l'énergie électrique dissipée est transformée en chaleur.

Soit un **conducteur ohmique** de résistance R aux bornes duquel on établit une $d.d.p.\ U$. Si i représente l'intensité du courant traversant le conducteur, on a donc d'après la loi d'Ohm $u = Ri$ et par suite :

$\mathcal{P} = ui = Ri^2 = \dfrac{u^2}{R}$	$\mathcal{P}$ en W U en V i en A R en Ω

L'énergie consommée, entre les dates t_1 et t_2, par le conducteur de résistance R est donc :

$W = \displaystyle\int_{t_1}^{t_2} \mathcal{P}dt = \int_{t_1}^{t_2} Ri^2 dt$	W en J $\mathcal{P}$ en W t en s i en A R en Ω

QCM

6.1 Les circuits 1 et 2 de la figure 6.10 comportent la même pile ($E = 4{,}5$ V ; $r = 1{,}5\ \Omega$) et les mêmes résistances ($R = 10\ \Omega$).

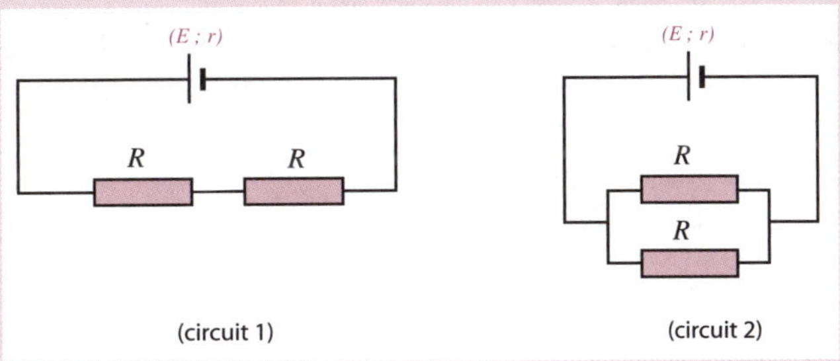

Figure 6.10

❑ **a.** Dans le circuit 1, l'intensité du courant électrique débitée par la pile est de 0,21 A.

❑ **b.** Dans le circuit 2, l'intensité du courant électrique débitée par la pile est de 0,44 A.

❑ **c.** La puissance perdue par effet joule dans le circuit 1 est de 0,95 W.

❑ **d.** La puissance perdue par effet joule dans le circuit 2 est de 1,9 W.

❑ **e.** L'énergie transformée en chaleur dans le circuit 1 durant 3 min est de 171 J.

6.2 Un radiateur électrique de puissance $\mathcal{P} = 2400$ W fonctionne sous une tension $u = 220$ V.

La résistance du radiateur est de :

❑ **a.** 10,1 Ω ❑ **b.** 20,2 Ω

L'intensité du courant électrique qui traverse ce radiateur est de :

❑ **c.** 10,9 A ❑ **d.** 21,8 A ❑ **e.** L'énergie perdue par effet joule durant 1 h est de 8,6 MJ.

6.3 Un fil cylindrique d'argent de diamètre $d = 1{,}0$ mm et de longueur $l = 1$ m transporte une charge d'électricité $Q = 72$ C par heure.

❑ **a.** L'intensité du courant électrique circulant dans ce fil de cuivre est de 20 mA.

❑ **b.** La densité de courant $j = \dfrac{I}{S}$ dans ce fil est de $2{,}5.10^4$ A.m^{-2}.

❑ **c.** Le nombre d'électrons de conduction par unité de volume est $n_v = 5{,}8.10^{28}$ m^{-3}.

❑ **d.** La vitesse de déplacement d'ensemble des électrons est égale à celle de la lumière dans le vide, soit $v = 3{,}0.10^8$ m.s^{-1}.

❑ **e.** La résistance du fil est : $R = 20{,}4$ mΩ.

Données :

- Masse volumique de l'argent $\mu_{Ag} = 10\,500$ kg.m^{-3}.
- Masse molaire atomique du cuivre, $M = 107{,}9$ g.mol^{-1}.
- On admet que chaque atome d'argent libère un électron de conduction.
- Résistivité de l'argent, $\rho = 1{,}6.10^{-8}$ Ω.m.
- Nombre d'Avogadro, $\mathcal{N}_A = 6{,}02.10^{23}$ mol^{-1}.
- Charge élémentaire, $e = 1{,}6.10^{-19}$ C.

Exercices

6.4 Résistance d'un axone – Comparaison avec celle d'un fil métallique

Les neurones ont une structure du même type : ils sont constitués d'un corps cellulaire et d'une fibre plus ou moins longue, appelée axone, le long de laquelle se propage l'influx nerveux (Fig. 6.11).

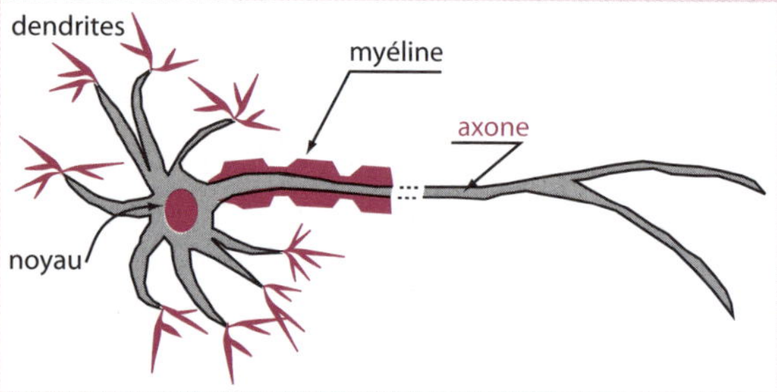

Figure 6.11

Le neurone comprend :

- le soma qui contient le noyau et des inclusions cytoplasmiques ;
- des prolongements courts : les dendrites ;
- l'axone ou fibre nerveuse.

Chez l'homme, la longueur de ces fibres nerveuses peut atteindre 1 m.

1. En première approximation, on peut considérer une fibre nerveuse (axone) comme un long cylindre de rayon r et de longueur l.

Calculer la résistance d'une fibre nerveuse de 1 cm de long.

2. Calculer la longueur d'un fil de cuivre de diamètre $d = 80\ \mu$m ayant même résistance qu'une fibre nerveuse de 1 cm de long.

On donne :

- rayon de la fibre nerveuse : $r = 5{,}0\ \mu$m
- résistivité de la fibre nerveuse : $\rho_a = 2{,}0\ \Omega$.m.
- résistivité du cuivre : $\rho_{Cu} = 1{,}7.10^{-8}\ \Omega$.m.

6.5 Calcul de résistances équivalentes

On considère le circuit de la figure 6.12.

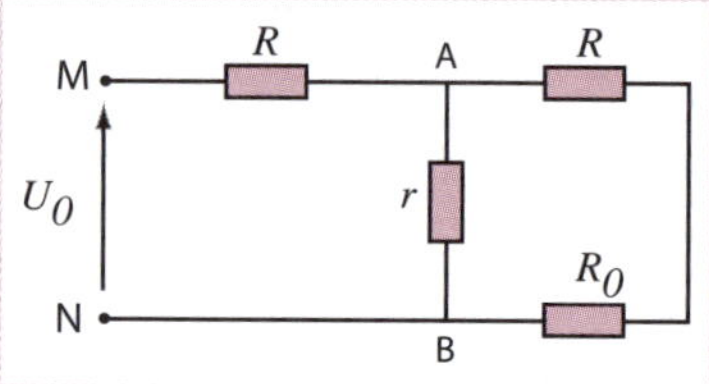

Figure 6.12

1. Déterminer la relation entre les résistances r, R et R_0 pour que la résistance équivalente du circuit soit égale à R_0.

Calculer R_0 pour $R = 8{,}0\ \Omega$ et $r = 5{,}0\ \Omega$.

2. On maintient entre les points M et N une tension constante $U_0 = 6{,}0$ V.

Calculer les intensités des courants électriques dans les différentes branches du circuit.

6.6 Générateur réel

On réalise le circuit ci-dessous (Fig. 6.13)

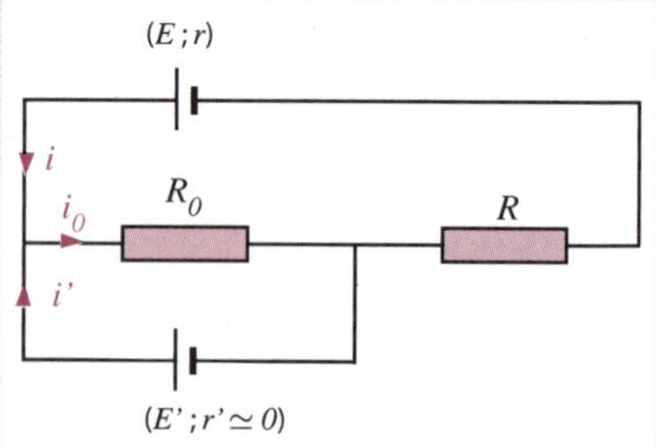

Figure 6.13

1. Exprimer les intensités des courants i, i_0 et i' en fonction de E, E', r, R et R_0.

2. À quelle condition a t-on $i' = 0$?

6.7 Conduction métallique

Un fil métallique cylindrique contient n_v électrons de conduction par unité de volume. Dans ce fil cylindrique de section S, les électrons libres se déplacent à la vitesse d'ensemble v et provoquent un courant d'intensité I.

1. Calculer, en fonction de l'intensité I et de la valeur de la charge élémentaire, le débit d'électrons à travers la section S.

Application numérique :

$I = 2{,}0$ A, $e = 1{,}6.10^{-19}$ C.

2. Établir la relation donnant l'intensité du courant électrique I en fonction de n_v, S, v et e.

Calculer v pour $S = 3{,}0$ mm^2

On donne :

$n_v = 5{,}8.10^{28}$ électrons. m^{-3}.

$e = 1{,}6.10^{-19}$ C.

Corrigés

QCM

6.1 **Les affirmations correctes sont a., c. et e.**

Calculons d'abord les résistances équivalentes dans les deux circuits :

Circuit 1 : $R_{eq1} = R + R = 2R$ Circuit 2 : $\dfrac{1}{R_{eq2}} = \dfrac{1}{R} + \dfrac{1}{R} = \dfrac{2}{R}$ soit $R_{eq2} = \dfrac{R}{2}$

Numériquement :

Circuit 1 : $R_{eq1} = 20\ \Omega$ Circuit 2 : $R_{eq2} = 5{,}0\ \Omega$

La tension aux bornes de la pile est égale à la tension aux bornes de l'association, soit :

Circuit 1 : $E - ri_1 = R_{eq1}.i_1$ soit $i_1 = \dfrac{E}{r + R_{eq1}}$ Circuit 2 : $E - ri_2 = R_{eq2}.i_2$ soit $i_2 = \dfrac{E}{r + R_{eq2}}$

Numériquement :

Circuit 1 : $i_1 = \dfrac{4{,}5}{1{,}5 + 20} \simeq 0{,}21$ A Circuit 2 : $i_2 = \dfrac{4{,}5}{1{,}5 + 5{,}0} \simeq 0{,}69$ A

La puissance perdue par effet joule à travers un conducteur ohmique de résistance R est $\mathcal{P} = Ri^2$.

Circuit 1 : $\mathcal{P} = ri_1^2 + R_{eq1}i_1^2$ Circuit 2 : $\mathcal{P} = ri_2^2 + R_{eq2}i_2^2$

Application numérique :

Circuit 1 : $\mathcal{P}_1 = (1{,}5 + 20) \times (0{,}21)^2 \simeq 0{,}95$ W Circuit 2 : $\mathcal{P} = (1{,}5 + 5{,}0) \times (0{,}69)^2 \simeq 3{,}1$ W

L'énergie perdue par effet joule est :

$$\underset{(W \text{ en J})}{W} = \int_{t_1}^{t_2} \mathcal{P}dt = \int_{t_1}^{t_2} Ri^2 dt = \mathcal{P}\Delta t$$

Pour le circuit 1, $\mathcal{P} = \mathcal{P}_1 = 0{,}95$ W et par suite $W_J = 0{,}95 \times 3 \times 60 = 171$ J.

6.2 **Les affirmations correctes sont b., c. et e.**

Le radiateur est constitué d'un fil conducteur de résistance R.
Si i représente l'intensité du courant traversant le conducteur et u la tension aux bornes du conducteur ohmique alors $\mathcal{P} = ui = Ri^2 = \dfrac{u^2}{R}$.

La résistance du conducteur est donc :

$$R = \frac{u^2}{\mathcal{P}}$$

Soit numériquement : $R = \dfrac{220^2}{2\,400} \simeq 20{,}2\ \Omega$.

L'intensité i du courant est telle que :

$$i = \frac{\mathcal{P}}{u}$$

Soit numériquement : $i = \dfrac{2\,400}{220} = 10{,}9$ A

L'énergie consommée, entre les dates t_1 et t_2, par le conducteur de résistance R est donc :

$$W = \int_{t_1}^{t_2} \mathcal{P}dt = \int_{t_1}^{t_2} Ri^2 dt = Ri^2 \Delta t$$

Application numérique :

$$W = 20{,}2 \times (10{,}9)^2 \times 3\,600 = 8{,}6.10^6 \text{ J}$$

6.3 **Les affirmations correctes sont a., b., c. et e.**

- Par définition, l'intensité du courant est $I = \dfrac{dQ}{dt}$.

Numériquement $I = \dfrac{72}{3\,600} = 0{,}020$ A, soit 20 mA

- La densité J est donnée par :

$$J = \frac{I}{S} \quad \text{avec } S = \pi r^2$$

Application numérique :

$$J = \frac{0{,}020}{\pi \times \left(0{,}5.10^{-3}\right)^2} = 2{,}5.10^4 \text{ A.m}^{-2}$$

- Comme pour l'exercice 6.7, considérons une tranche de ce fil électrique, de longueur dl.

Si S représente la section alors le volume dV est égal à Sdl.

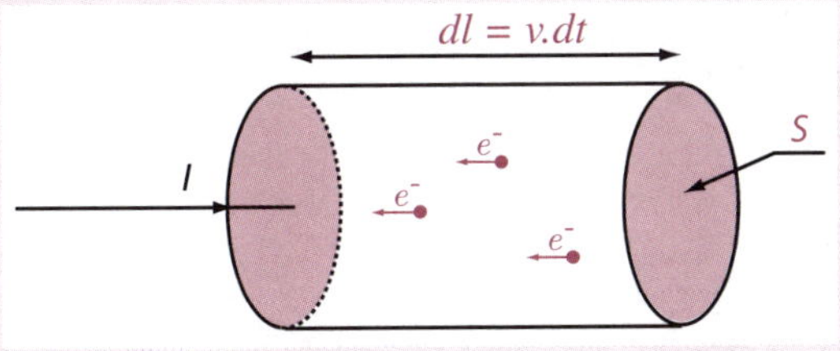

Figure 6.14

Comme $dl = vdt$ alors $dV = Svdt$.

Le nombre dN d'électrons libres contenu dans ce volume dV est :

$$dN = n_v dV$$

où n_v représente le nombre d'électrons libres par unité de volume.

La charge dQ portée par ces dN électrons libres est :

$$dQ = edN$$

Soit :

$$dQ = en_V Svdt$$

et par suite :

$$I = n_v eSv$$

• Déterminons à présent n_v.

Par définition, la quantité de matière est :

$$n = \frac{m}{M} = \frac{N}{\mathcal{N}_A}$$

Si μ_{Ag} représente la masse volumique du matériau, alors :

$$m = \mu_{Ag} V$$

et par suite :

$$n = \frac{\mu_{Ag} V}{M} = \frac{N}{\mathcal{N}_A}$$

Le nombre d'atomes par unité de volume est donc :

$$\frac{N}{V} = \frac{\mu_{Ag} \mathcal{N}_A}{M}$$

Sachant que chaque atome libère un électron de conduction, le nombre d'atomes par unité de volume est donc égal au nombre d'électrons libres par unité de volume, soit :

$$n_v = \frac{\mu_{Ag} \mathcal{N}_A}{M}$$

Application numérique :

$$n_v = \frac{10\,500 \times 6{,}02.10^{23}}{107{,}9.10^{-3}} \simeq 5{,}8.10^{28}\ \text{m}^{-3}.$$

$$v = \frac{I}{Sn_v e} \text{ soit } v = \frac{0{,}02}{\pi \times \left(0{,}5.10^{-3}\right)^2 \times 5{,}8.10^{28} \times 1{,}6.10^{-19}} \simeq 2{,}74.10^{-6}\ \text{m.s}^{-1}.$$

Exercices

6.4

1. La résistance d'un conducteur filiforme de longueur l et de section S est donnée par $R = \rho \frac{l}{S}$.

La résistivité de la fibre nerveuse étant ρ_a et son rayon étant r, soit $S = \pi r^2$, alors :

$$R_a = \rho_a \frac{l}{\pi r^2}$$

Numériquement :

$$R_a = 2{,}0 \times \frac{1{,}0.10^{-2}}{\pi \times (5{,}0.10^{-6})^2} \simeq 2{,}5.10^8\ \Omega$$

2. La résistance d'un fil de cuivre, de résistivité ρ_{Cu}, de longueur l_0 et de diamètre d (donc de section $S = \pi r^2 = \pi \frac{d^2}{4}$)

est :

$$R_{Cu} = \rho_{Cu}\frac{l_0}{\pi\frac{d^2}{4}} = 4\rho_{Cu}\frac{l_0}{\pi d^2}$$

Soit :

$$l_0 = \frac{\pi R_{Cu} d^2}{4\rho_{Cu}}$$

Application numérique :

$$l_0 = \frac{\pi \times 2{,}5.10^8 \times (80.10^{-6})^2}{4 \times 1{,}7.10^{-8}} \simeq 7{,}4.10^7 \text{ m}$$

6.5

1. On considère les schémas équivalents suivants (Fig. 6.15).

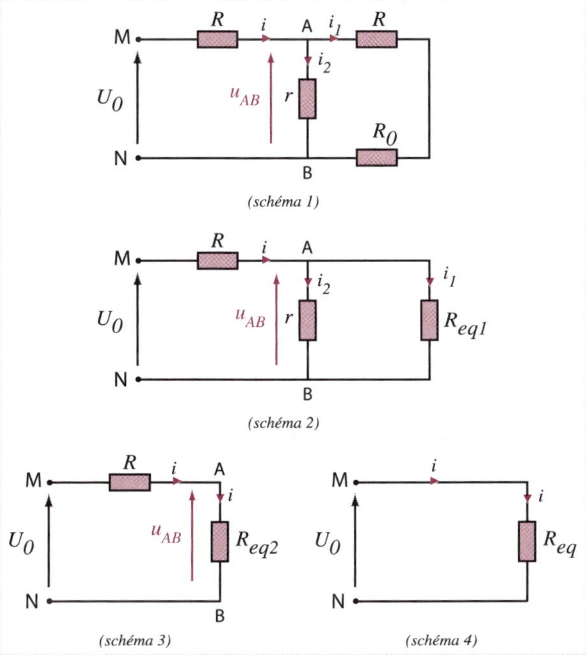

Figure 6.15

• **Calcul de la résistance équivalente entre *A* et *B***

Schéma 1 : Les conducteurs ohmiques de résistance R et R_0 sont montés en série donc :

$$R_{eq1} = R + R_0$$

Schéma 2 : Les conducteurs ohmiques de résistance r et R_{eq1} sont montés en dérivation donc :

$\frac{1}{R_{eq2}} = \frac{1}{r} + \frac{1}{R_{eq1}}$, soit

$$R_{eq2} = \frac{r.R_{eq1}}{r + R_{eq1}} = \frac{r.(R + R_0)}{r + R + R_0}$$

• **Résistance équivalente à l'association**

Schéma 3 : Les conducteurs ohmiques de résistance R et R_{eq2} sont montés en série donc :

$R_{eq} = R + R_{eq2}$, soit

$$R_{eq} = R + \frac{r.(R + R_0)}{r + R + R_0} = \frac{R^2 + RR_0 + 2rR + rR_0}{r + R + R_0}$$

On veut $R_{eq} = R_0$, soit :

$$R_0 = \frac{R^2 + RR_0 + 2rR + rR_0}{r + R + R_0}$$

Ainsi :

$$rR_0 + RR_0 + R_0^2 = R^2 + RR_0 + 2rR + rR_0$$

ou encore :

$$R_0^2 = R^2 + 2rR$$

Application numérique :

$$R_0 = \sqrt{(8{,}0)^2 + 2 \times 5{,}0 \times 8{,}0} = 12\ \Omega$$

2. Considérons le schéma équivalent 4.

D'après la loi d'Ohm, on a : $U_0 = R_{eq}.i = R_0.i$, soit

$$i = \frac{U_0}{R_0}$$

Numériquement on trouve $i = 0{,}50$ A.

Du schéma 3, on déduit :

$$u_{AB} = R_{eq2}.i \text{ avec } R_{eq2} = \frac{r.(R + R_0)}{r + R + R_0}$$

Numériquement :

$$R_{eq2} = \frac{5{,}0 \times (8{,}0 + 12)}{5{,}0 + 8{,}0 + 12} = 4{,}0\ \Omega \text{ et } u_{AB} = 4{,}0 \times 0{,}5 = 2{,}0 \text{ V}$$

Connaissons u_{AB}, on peut donc calculer i_1 et i_2.

$$\left| \begin{array}{l} u_{AB} = r.i_2 \text{ (loi d'Ohm)} \\ \text{et} \\ u_{AB} = R_{eq1}.i_1 \text{ (loi d'Ohm)} \end{array} \right., \text{ soit } \left| \begin{array}{l} i_2 = \frac{u_{AB}}{r} \\ \text{et} \\ i_1 = \frac{u_{AB}}{R_{eq1}} \end{array} \right.$$

Comme $R_{eq1} = R + R_0$, alors :

$$\left| \begin{array}{l} i_2 = \frac{u_{AB}}{r} \\ \text{et} \\ i_1 = \frac{u_{AB}}{R + R_0} \end{array} \right.$$

Numériquement :

$$\left| \begin{array}{l} i_2 = \dfrac{2,0}{5,0} = 0,40 \text{ A} \\ \text{et} \\ i_1 = \dfrac{2,0}{8,0 + 12} = 0,10 \text{ A} \end{array} \right.$$

Remarque : On retrouve bien $i = i_1 + i_2$ (loi des nœuds).

6.6

1. Soit le circuit de la figure 6.16.

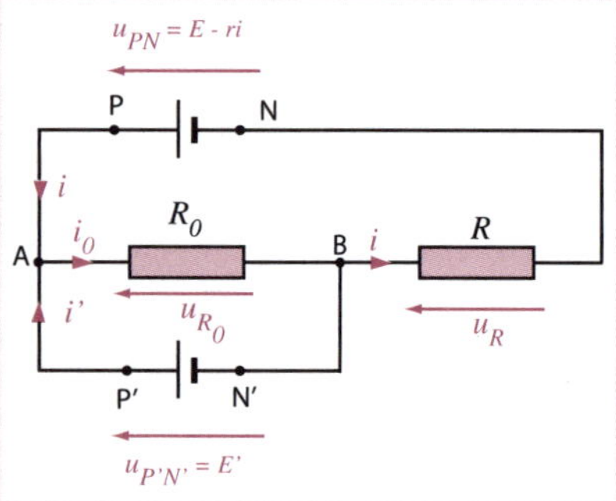

Figure 6.16

D'après la loi des mailles (maille PABNP), on a :

$$u_{PN} - u_{R_0} - u_R = 0$$

Comme $\left| \begin{array}{l} u_{PN} = E - ri \\ u_{R_0 = R_0 i_0} \\ u_R = Ri \end{array} \right.$, alors :

$$E - ri - R_0.i_0 - Ri = 0$$

Soit :

$$E = (r + R)i + R_0 i_0 \quad (1)$$

La loi des mailles appliquée à la maille BAP'N'B donne :

$$u_{R_0} - u_{P'N'} = 0$$

Comme $\left| \begin{array}{l} u_{P'N'} = E' \text{ car } r' \simeq 0 \\ u_{R_0 = R_0 i_0} \end{array} \right.$, alors :

$$R_0 i_0 - E' = 0$$

Soit :

$$E' = R_0 i_0 \quad (2)$$

Après soustraction des équations (1) et (2) membre à membre, on obtient :

$$E - E' = (r + R)i$$

D'où :

$$i = \frac{E - E'}{r + R}$$

La loi des nœuds au point A donne :

$$i_0 = i + i'$$

Comme $\left| \begin{array}{l} i_0 = \dfrac{E'}{R_0} \text{ (d'après 2)} \\ \text{et} \\ i = \dfrac{E - E'}{r + R} \end{array} \right.$, alors :

$$\frac{E'}{R_0} = \frac{E - E'}{r + R} + i'$$

Soit :

$$i' = \frac{E'}{R_0} - \frac{E - E'}{r + R} = \frac{E'(r + R) - R_0(E - E')}{R_0(r + R)} = \frac{(r + R + R_0)E' - R_0 E}{R_0(r + R)}$$

2. On a $i' = 0$ si :

$$\frac{(r + R + R_0)E' - R_0 E}{R_0(r + R)} = 0, \text{ soit } (r + R + R_0)E' - R_0 E = 0$$

ou encore :

$$\frac{E}{E'} = \frac{r + R + R_0}{R_0}$$

6.7

1. Si N représente le nombre d'électrons de conduction qui traversent une section droite pendant la durée Δt, alors la quantité de charge Q transportée est :

$$Q = N.e$$

Comme $I = \dfrac{Q}{\Delta t}$, alors :

$$I = \frac{N.e}{\Delta t}$$

Le débit de charge est par définition :

$$D = \frac{N}{\Delta t}$$

Des deux relations précédentes, il en résulte :

$$D = \frac{I}{e}$$

Application numérique :

$$D = \frac{3{,}2}{1{,}6.10^{-19}} = 2{,}0.10^{19} \text{ électrons/seconde}$$

2. Soit une portion de ce fil conducteur de longueur l et de section S (Fig. 6.17).

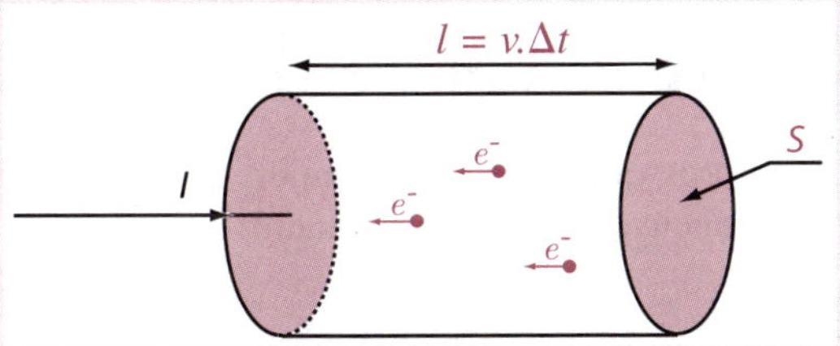

Figure 6.17

Cette portion de fil, de volume $V = S.l$, contient N électrons.

La densité d'électrons étant $n_v = \dfrac{N}{V}$, alors :

$$N = n_v.S.l$$

Si v représente la vitesse d'ensemble, alors les N électrons traversent la longueur l durant Δt telle que :

$$\Delta t = \frac{l}{v}$$

Comme $I = \dfrac{N.e}{\Delta t}$, alors :

$$\frac{l}{v} = \frac{N.e}{I}$$

Soit

$$I = \frac{N.e.v}{l}$$

Or $N = n_v.S.l$

D'où :

$$I = \frac{n_v.S.l.e.v}{l} = n_v.S.e.v$$

La vitesse d'ensemble v est donnée par :

$$v = \frac{I}{n_v.S.e}$$

Numériquement :

$$v = \frac{2{,}0}{5{,}8.10^{28} \times \left(3{,}0.10^{-6}\right) \times 1{,}6.10^{-19}} \simeq 7{,}2.10^{-5} \text{ m.s}^{-1}$$

7 Optique géométrique

1. Émission et propagation de la lumière

Qu'est-ce qu'une source de lumière ?

On appelle source de lumière tout corps qui émet de la lumière par transformation d'une forme d'énergie en énergie lumineuse (énergie rayonnante).

Exemples de sources lumineuses :

Source lumineuse	Énergie transformée
Une lampe	Énergie électrique
Le soleil	Énergie nucléaire
Une flamme	Énergie chimique

Pourquoi un objet est-il visible ?

• La plupart des objets qui nous entourent ne sont visibles que lorsqu'ils sont éclairés par une source lumineuse : ils renvoient de la lumière dans toutes les directions : ce sont des objets diffusants.

Exemples d'objets diffusants : la lune, un livre éclairé...

• Deux conditions sont nécessaires pour qu'un objet puisse être vu :

– il doit produire de la lumière (source lumineuse) ou la diffuser (objet diffusant) ;
– la lumière envoyée par l'objet, dans toutes les directions, doit parvenir à l'œil de l'observateur et atteindre sa rétine.

Comment la lumière se propage-t-elle ?

Le principe de propagation rectiligne de la lumière

Un milieu est isotrope si en chaque point il garde les mêmes propriétés dans toutes les directions autour de ce point.

Dans un milieu homogène, transparent et isotrope **(M.H.T.I.)**, la lumière se propage en ligne droite.

Le modèle du rayon lumineux

Pour une onde progressive, un rayon d'onde est une ligne perpendiculaire en chacun de ses points aux lignes ou aux surfaces d'ondes.

La propagation est rectiligne si les rayons d'ondes sont des droites. C'est le cas d'une onde progressive en milieu homogène.

Un rayon lumineux sera représenté par un segment AB limité au parcours lumineux et indiquant le sens de propagation.

Pour des ondes lumineuses, le rayon d'onde est appelé **rayon lumineux** (Fig. 7.1).

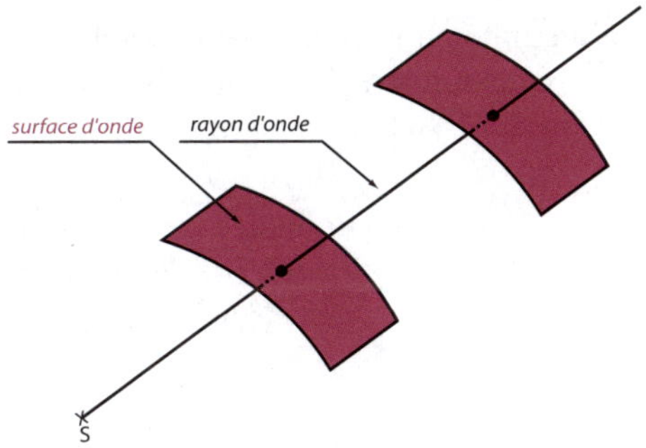

Figure 7.1

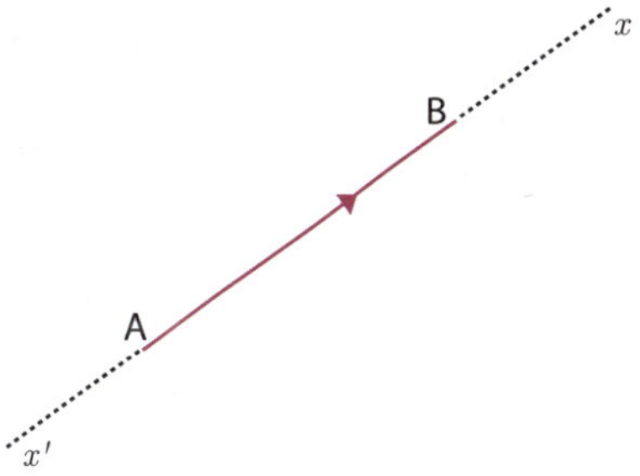

Figure 7.2

On appelle rayon lumineux toute portion de droite suivie par la lumière (Fig. 7.2).

Faisceau de rayons - Faisceau lumineux

• Un faisceau de rayons est un ensemble de rayons.

Dans le cas des ondes lumineuses, on parle de faisceau lumineux.

Un faisceau étroit est appelé pinceau lumineux.

• Forme des faisceaux (Fig. 7.3)

Suivant les directions prises par la lumière, un faisceau est :

- conique convergent si la lumière se dirige vers le sommet ;
- conique divergent si la lumière part du sommet ;

} s'il s'agit d'une onde sphérique.

- cylindrique ou parallèle si les rayons sont rectilignes et parallèles (le sommet est à l'infini) s'il s'agit d'une onde plane.

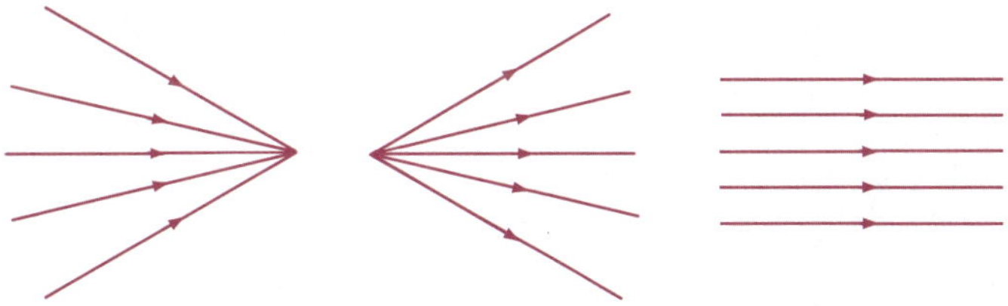

a) Faisceau convergent b) Faisceau divergent c) Faisceau parallèle

Figure 7.3

À quelle célérité la lumière se propage-t-elle ?

Un milieu est dit transparent s'il laisse passer la lumière.

• Dans le vide, la lumière, comme toutes les ondes électromagnétiques, se propage à la célérité constante $c \approx 3{,}00.10^8$ m.s^{-1}.

• Dans les autres milieux homogènes et transparents, la lumière se propage avec une célérité v toujours plus faible que la célérité c de la lumière dans le vide.

Qu'est-ce que l'indice d'un milieu transparent ?

L'indice n d'un milieu transparent est le nombre sans dimension défini par le quotient de la célérité c de la lumière dans le vide par la célérité v de la lumière dans le milieu transparent considéré, soit :

$n = \dfrac{c}{v} > 1$	n : indice de réfraction absolu d'un milieu transparent c : célérité de la lumière dans le vide v : célérité de la lumière dans le milieu transparent

2. Réflexion et réfraction de la lumière

Qu'énoncent les lois de Snell-Descartes ?

Soient deux milieux différents (1) et (2) transparents, homogènes et isotropes, séparés par une surface (S) (Fig.7.4)

Les lois de Snell-Descartes indiquent la direction des rayons réfléchi et réfracté en fonction de celle du rayon incident.

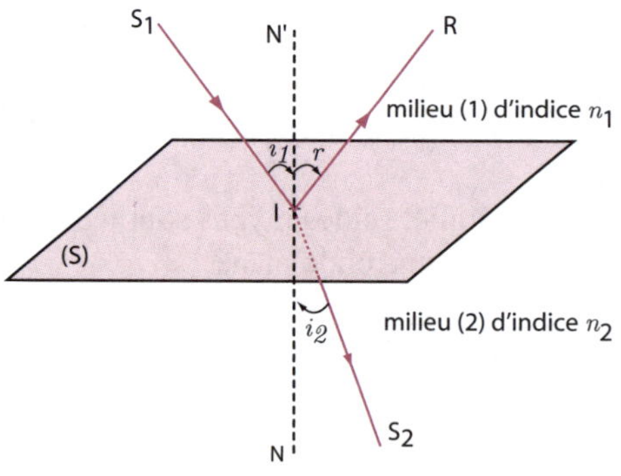

I : point d'incidence
S_1I : rayon incident
IS_2 : rayon réfracté
IR : rayon réfléchi
i_1 : angle d'incidence
r : angle de réflexion
i_2 : angle de réfraction
(S) : surface dioptrique

Figure 7.4

Lois de la réflexion

• Première loi

Le rayon réfléchi et le rayon incident sont dans le même plan, le plan d'incidence, défini par le rayon incident et la normale au dioptre.

• Deuxième loi

L'angle d'incidence i_1 est égal à l'angle de réflexion r, c'est-à-dire :

$i_1 = r$	i_1 : angle d'incidence r : angle de réflexion

Lois de la réfraction

• Première loi

Le rayon réfracté et le rayon incident sont dans le même plan, le plan d'incidence.

• Deuxième loi

Les angles d'incidence i_1 et de réfraction i_2 sont liés par la relation :

Le rayon subit une déviation à la surface de séparation entre les deux milieux.

$n_1 \sin i_1 = n_2 \sin i_2$ ou $\frac{\sin i_1}{\sin i_2} = n_{2,1}$	n_1, n_2 : indices absolus des milieux (1) et (2) $n_{2,1} = \frac{n_2}{n_1}$: indice relatif du milieu (2) par rapport au milieu (1)

Qu'est-ce que la déviation angulaire d'un rayon ?

La déviation angulaire, notée D, représente l'angle entre le rayon incident et le rayon émergent (Fig. 7.5).

Si le rayon subit plusieurs déviations, la déviation totale est la somme algébrique de toutes les déviations.

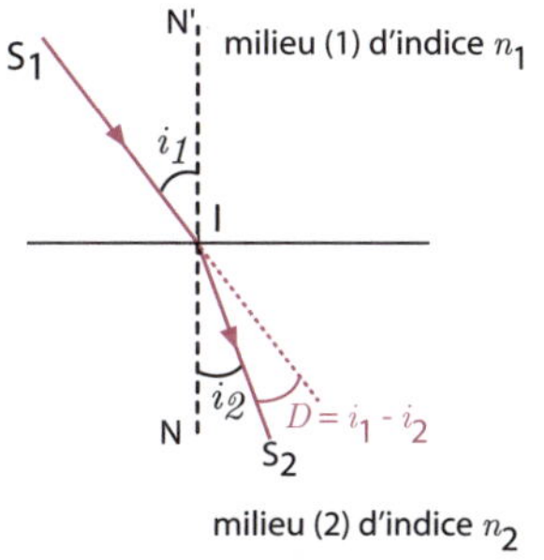

Figure 7.5

La déviation angulaire est telle que :

$$D = i_1 - i_2$$

Qu'est-ce que le principe du retour inverse de la lumière ?

Comme n_1 et n_2 sont les indices absolus des milieux (1) et (2), on peut donc écrire :

$n_1 = \frac{c}{v_1}$ et $n_2 = \frac{c}{v_2}$	v_1 : célérité de la lumière dans le milieu (1) v_2 : célérité de la lumière dans le milieu (2) c : célérité de la lumière dans le vide

D'après la loi de Descartes,

$$n_1 \sin i_1 = n_2 \sin i_2$$

On a donc :

$$\frac{\sin i_1}{v_1} = \frac{\sin i_2}{v_2} = \text{cste}$$

Le trajet suivi par la lumière est donc indépendant de son sens de propagation.

Qu'est-ce que la réflexion totale ?

Un rayon lumineux ne peut passer d'un milieu (1) d'indice n_1 à un milieu (2) d'indice n_2 moins réfringent ($n_2 < n_1$) que si l'angle d'incidence i_1 est inférieur à une valeur limite i_{lim}, telle que :

$\sin i_{\text{lim}} = n_{2,1} = \dfrac{n_2}{n_1}$ soit $i_{\text{lim}} = \arcsin \dfrac{n_2}{n_1}$	i_{lim} angle de réflexion limite en ° ou rad

On a réflexion totale si $i_1 > i_{\text{lim}}$ (Fig. 7.6) :

La réfraction ne peut avoir lieu que si l'angle d'incidence i_1 est inférieur ou égal à i_{lim}.

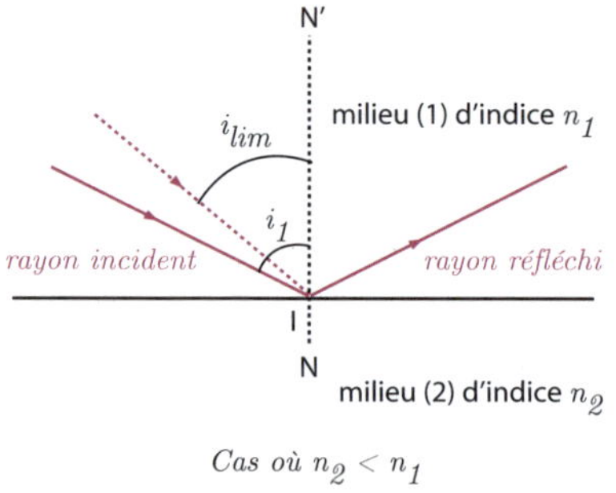

Figure 7.6

3. Notion d'objet et d'image

Qu'est-ce qu'un système optique ?

Les systèmes optiques sont des successions de milieux transparents et homogènes séparés par des dioptres ou des miroirs.

- Les systèmes qui ne comportent que des dioptres sont dits **dioptriques**.

Exemples : microscopes, lunettes.

- Les systèmes qui comportent à la fois des miroirs et des dioptres sont dits **catadioptriques**.

Exemples : le téléscope, catadioptre des automobiles.

Qu'est-ce qu'un objet ponctuel ? Qu'est-ce qu'une image ponctuelle ?

Soit un point lumineux A. Les rayons lumineux issus du point A passent à travers un système optique (S), de face d'entrée S_1 et de face de sortie S_2 et donnent une image A'.

A représente le point objet et A' l'image de A à travers le système optique.

A et A' sont dits conjugués par rapport au système (S).

Les objets, ainsi que leur image, peuvent être de nature différente : **réel** ou **virtuel**.

- **Objet ponctuel** : se trouve au point de concours des rayons incidents (Fig. 7.7). Il est :
  - réel si la lumière passe réellement par ce point de concours ;
  - virtuel dans le cas contraire (ce sont les prolongements des rayons lumineux qui y passent).
- **Image ponctuelle** : se trouve au point de concours des rayons émergents (Fig. 7.8). Elle est :
  - réelle si les rayons émergents passent par ce point de concours ;
  - virtuelle dans le cas contraire (ce sont les prolongements des rayons émergents qui y passent).

L'œil ne voit que les objets réels et les images virtuelles.

Une image réelle ne sera vue que sur un écran ou une pellicule photo (elle devient alors un objet réel pour l'œil).

Objet ponctuel :

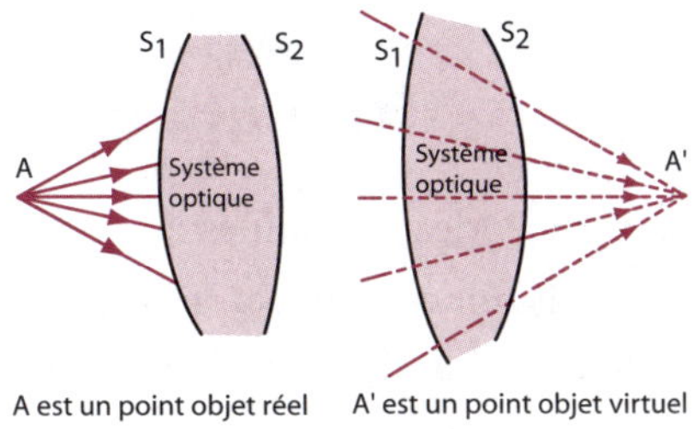

Figure 7.7

Image ponctuelle :

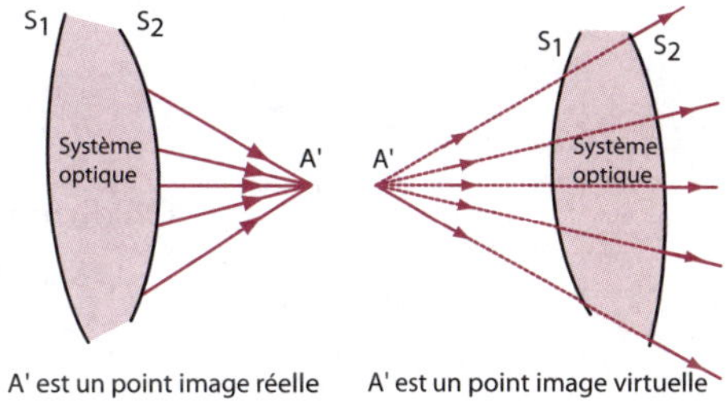

Figure 7.8

Quand dit-on qu'un système optique est stigmatique ?

Le stigmatisme rigoureux n'existe que pour les miroirs plans. Pour les autres instruments d'optique, il faut respecter les conditions du stigmatisme approché.

Un système est dit stigmatique s'il donne d'un point objet A (ou objet ponctuel) une image ponctuelle A'.

On dit que le système optique (S) est stigmatique pour le couple de points A et A'.

4. Les lentilles minces

Qu'est-ce qu'une lentille mince ?

Une lentille est constituée par un milieu transparent limité par deux surfaces sphériques, ou par une surface sphérique et une surface plane (Fig. 7.9).

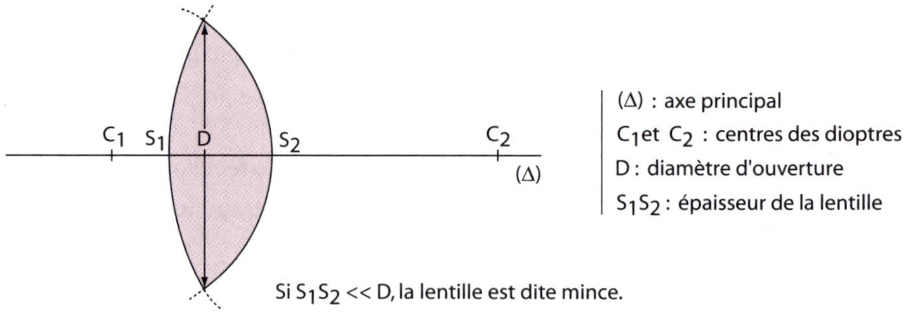

Figure 7.9

La lentille est dite mince si son épaisseur S_1S_2 est négligeable devant les rayons de courbure des deux faces.

Une lentille possède un centre optique, généralement noté O. Le centre optique est un point de l'axe principal.

Quels sont les différents types de lentilles ?

On distingue deux catégories de lentilles :

- les **lentilles à bords minces**, qui constituent des systèmes convergents (Fig. 7.10) ;
- les **lentilles à bords épais**, qui constituent des systèmes divergents (Fig. 7.11).

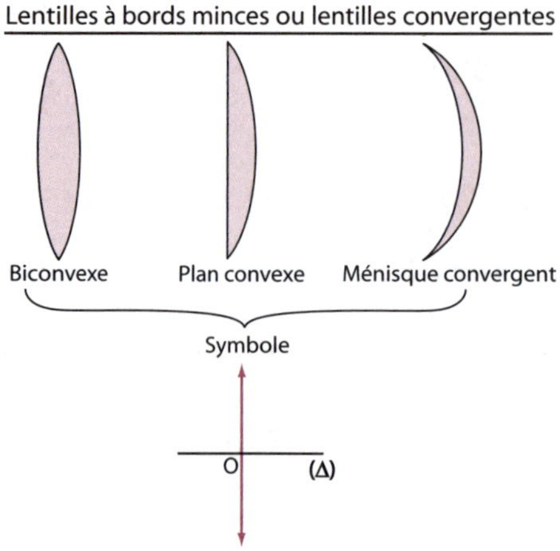

Figure 7.10

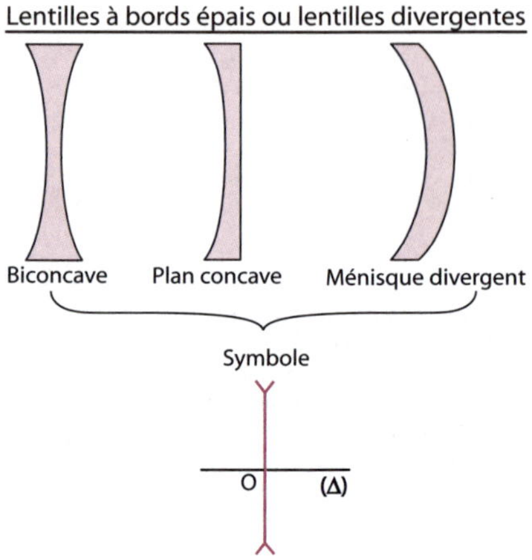

Figure 7.11

Quelles sont les caractéristiques d'une lentille mince

Trois points géométriques sont intéressants pour une lentille :

- O son centre optique.
- F son foyer principal objet.
- F' son foyer principal image.

Lentille convergente

- Tout rayon passant par le centre optique n'est pas dévié.
- Tout rayon passant par F émerge parallèlement à l'axe optique.
- Tout rayon incident parallèle à l'axe optique émerge en passant par F'.

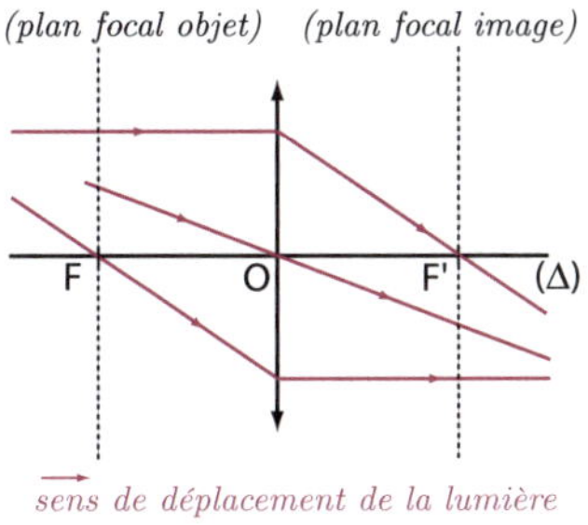

F et F' sont réels.
Distance focale image : $f' = \overline{OF'}$; f' en m)
Vergence de la lentille : $C = \dfrac{1}{f'}$; C en δ (dioptrie)

Figure 7.12

Pour une lentille convergente, $f' > 0$.

Lentille divergente

- Tout rayon passant par le centre optique n'est pas dévié.
- Tout rayon incident parallèle à l'axe optique émerge en semblant provenir de F'.
- Tout rayon incident semblant pointer sur F émerge parallèlement à l'axe optique.

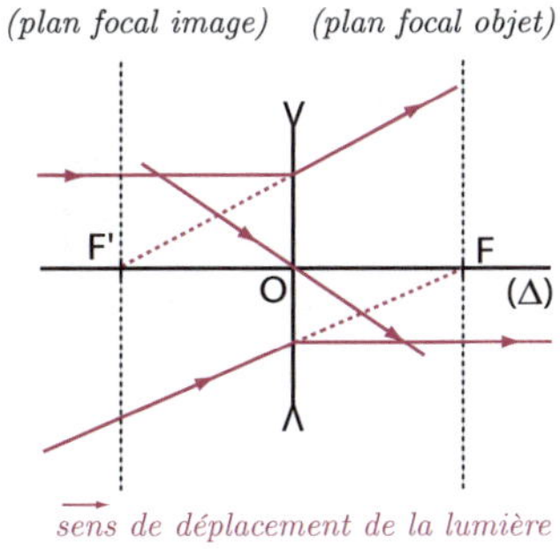

F et F' sont virtuels.
Distance focale image : $f' = \overline{OF'}$; f' en m)
Vergence de la lentille : $C = \dfrac{1}{f'}$; C en δ (dioptrie)

Figure 7.13

Pour une lentille divergente, $f' < 0$.

Connaissant la direction d'un rayon lumineux arrivant sur une lentille convergente ($\mathcal{L}$), comment tracer le rayon émergent ?

On utilisera les foyers secondaires objet et image de la lentille.

Foyer secondaire image (Fig. 7.14)

- On trace un rayon fictif parallèle au rayon incident et passant par le centre optique O : ce rayon n'est pas dévié et il coupe le plan focal image en un point φ' appelé foyer secondaire image.
- Le rayon émerge en passant par φ'.

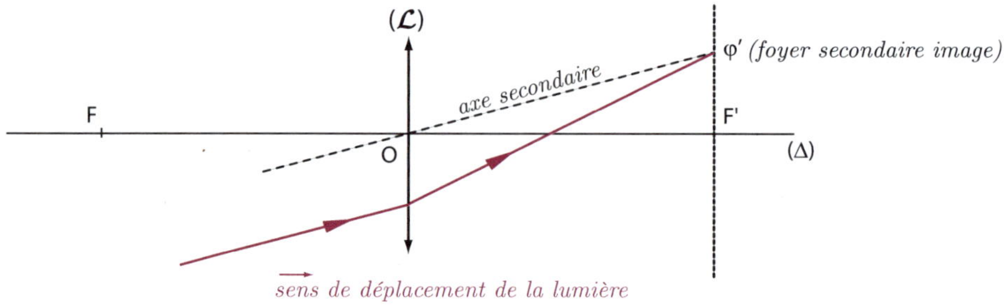

Figure 7.14

Foyer secondaire objet (Fig. 7.15)

- L'intersection d'un rayon lumineux incident avec le plan focal objet définit un foyer secondaire objet φ.
- On trace un rayon fictif passant par le centre optique O : ce rayon n'est pas dévié.
- Le rayon émergent est parallèle au rayon fictif.

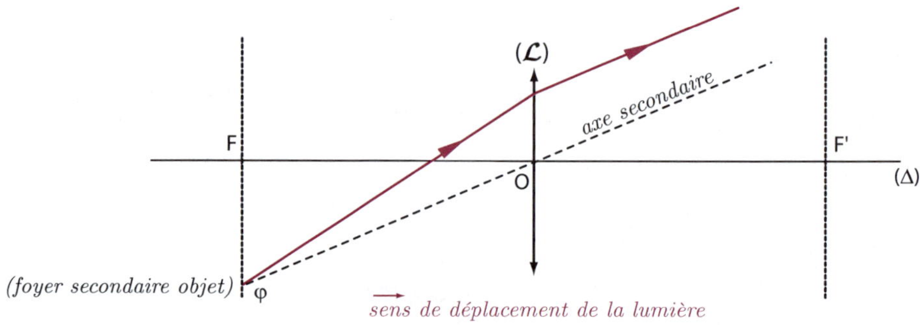

Figure 7.15

Comment détermine-t-on la position et la grandeur des images ?

Soit une lentille ($\mathcal{L}$) de centre optique O donnant d'un point objet A une image A'. L'objet A et l'image A' sont dits conjugués.

Relation de conjugaison

Elle donne la position de l'image par rapport à celle de l'objet et inversement :

$$\frac{1}{\overline{OA'}} - \frac{1}{\overline{OA}} = \frac{1}{f'}$$	$\overline{OA'}$: abscisse du point image $\overline{OA}$: abscisse du point objet f' : distance focale image

Relation de grandissement

Elle donne la dimension et le sens de l'image par rapport à celle de l'objet :

$$\gamma = \frac{\overline{A'B'}}{\overline{AB}} = \frac{\overline{OA'}}{\overline{OA}}$$	$\gamma > 0$: image droite $\gamma < 0$: image renversée $\lvert\gamma\rvert > 1$: image agrandie

QCM

L'énoncé suivant est commun aux questions 1 et 2.

Un prisme de verre reçoit un pinceau cylindrique de lumière blanche dans un plan de section principale du prisme suivant une incidence nulle. L'angle du prisme est $A = 30\ °$.

7.1 L'indice de réfraction du verre par rapport à l'air pour une radiation rouge de longueur d'onde $\lambda_R = 0{,}77\ \mu$m vaut $n_R = 1{,}62$.

L'angle de déviation pour les radiations rouges est :

❏ **a.** 24,1 ° ❏ **b.** 12,2 ° ❏ **c.** 35,7 ° ❏ **d.** 54,1 ° ❏ **e.** 30,1 °

7.2 On place derrière le prisme une lentille mince convergente de distance focale $f' = 50$ cm dont l'axe optique coïncide avec le trajet de la lumière rouge et un écran dans le plan focal image de cette lentille. Sachant que l'indice du verre pour des rayons bleus de longueur d'onde $\lambda_B = 0{,}49\ \mu$m vaut $n_B = 1{,}64$, la distance séparant sur l'écran les deux point-images rouge et bleu est de :

❏ **a.** 8,03 mm ❏ **b.** 5,00 mm ❏ **c.** 8,73 mm ❏ **d.** 21,9 mm ❏ **e.** 17,6 mm

Exercices

7.3 Réflexion totale – Modèle de catadioptre

Un prisme en verre d'indice relatif à l'air $n = 1{,}5$ a comme section droite un triangle rectangle isocèle. Un rayon lumineux arrive sous incidence nulle sur la face BC (Fig. 7.16).

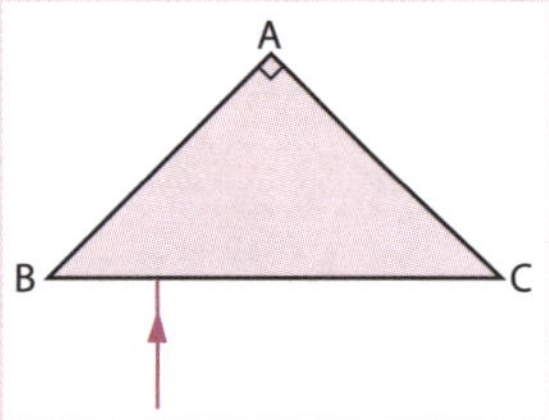

Figure 7.16

Représenter la marche du rayon lumineux. Que peut-on dire du rayon émergent ?

7.4 Réflexion totale – Mesure de l'indice de réfraction d'un liquide

Un rayon lumineux arrive normalement sur la face AB d'un prisme d'indice $n = 1{,}5$. On dépose une goutte d'un liquide d'indice n sur la face plane BC (Fig. 7.17).

Quelle valeur maximale peut avoir l'indice n' pour que le rayon incident subisse la réflexion totale ?

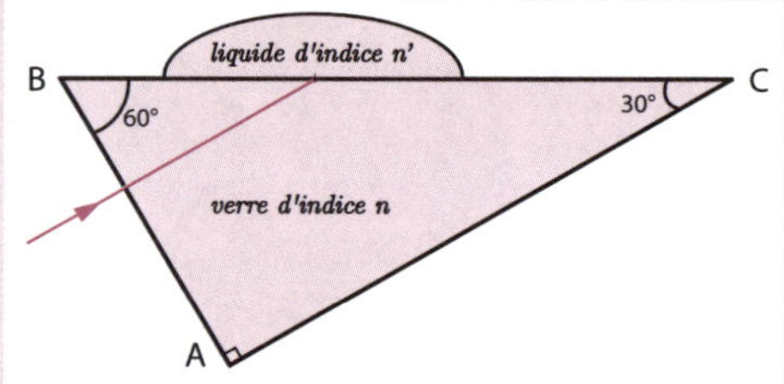

Figure 7.17

7.5 Déviation d'un rayon lumineux par un prisme – Mesure de l'indice de réfraction

Un prisme est l'association de deux dioptres plans non parallèles. Lorsqu'un pinceau lumineux atteint la face plane du prisme, il subit deux réfractions.

Soit un prisme d'angle au sommet $A = 60\ °$ et d'indice relatif par rapport à l'air n (Fig. 7.18).

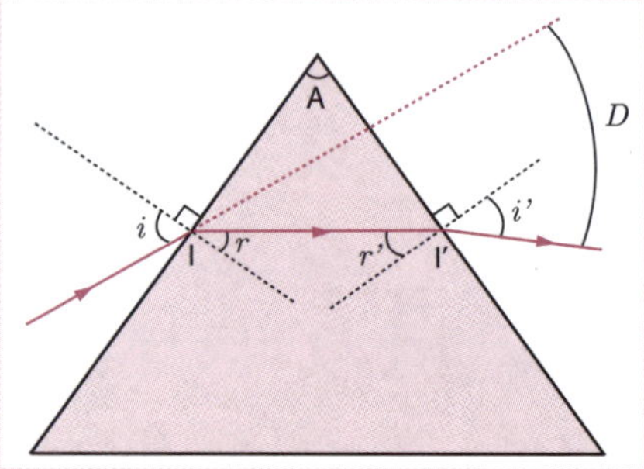

Figure 7.18

1. Montrer que les angles i, i', r et r' vérifient les relations :

$$A = r + r' \text{ et } D = i + i' - A$$

où D est la déviation du pinceau lumineux.

2. Lorsque l'angle de déviation D (angle entre la direction du rayon incident et celle du rayon émergent) est minimal, on démontre que l'angle d'incidence i est égal à l'angle d'émergence i'.

a) Donner la valeur commune i_m de i et de i' correspondant à l'angle de déviation minimal.

En déduire D_{min}, valeur minimale de l'angle de déviation D, en fonction de i_m et A.

b) Exprimer l'indice de réfraction n du prisme en fonction de A et D_{min}.

c) Calculer n pour $D_{\text{min}} = 37\,°10\,'$

7.6 Détermination d'une distance focale d'une lentille

Un objet AB est placé devant une lentille convergente ($\mathcal{L}$) de centre optique O de distance focale f'.

On recueille une image $A'B'$ renversée sur un écran placé à la distance $d = 50$ cm de l'objet. On mesure la taille de l'image et on trouve $A'B' = 1{,}5.AB$.

1. Donner la nature de l'objet et celle de l'image.

2. a) Faire une construction en justifiant le tracé des rayons lumineux.

b) En déduire la distance focale f'.

3. a) Déterminer la position de l'objet puis celle de l'image.

b) En déduire la distance focale f' de la lentille puis sa vergence C.

7.7 Association de deux lentilles

1. Une lentille mince convergente ($\mathcal{L}_1$), de distance focale $f'_1 = 20$ cm, est placée à 25 cm d'un objet AB, normal à l'axe (A étant sur l'axe) et de 5,0 cm de haut.

Déterminer la position et le grandissement de l'image A_1B_1 donnée par cette lentille.

2. On dispose à droite de ($\mathcal{L}_1$) une lentille ($\mathcal{L}_2$), de même axe principal, de distance focale $f'_2 = 15$ cm. La distance séparant les centres optiques des deux lentilles est $d = 110$ cm.

Déterminer la position et le grandissement de l'image définitive $A'B'$.

7.8 Loupe

À 5 cm d'une lentille ($\mathcal{L}$), mince, convergente, de vergence $C = +10\ \delta$, est placé un objet AB de hauteur $h = 2{,}0$ cm, perpendiculaire à l'axe optique (Δ) ; A est sur l'axe.

On appelle O le centre optique de la lentille, F le foyer principal objet et F' le foyer principal image.

1. a) Déterminer la position, la nature, le sens et le grandissement de l'image $A'B'$ donnée par cette lentille.

b) Construire l'image $A'B'$ de AB par la lentille ($\mathcal{L}$).

2. a) Sous quel angle α, un œil placé en F' voit-il l'image $A'B'$?

b) Comment varie cet angle si, l'œil restant en F', on éloigne progressivement l'objet de la lentille jusqu'à ce que le point A vienne en F ?

Corrigés

QCM

7.1 **L'affirmation correcte est a.**

Voir le corrigé ci-dessous.

7.2 **L'affirmation correcte est c.**

• Au niveau du premier dioptre air/verre : le rayon arrive sous incidence nulle ; il n'est donc pas dévié.

• Au niveau du second dioptre (dioptre verre/air), le rayon arrive sous une incidence $i_1 = 30\ °$.

Si i_{2R} est l'angle de réfraction à la sortie du prisme, on peut écrire :

$$n_R \sin i_1 = n_{air} \sin i_{2R} \quad \text{avec} \quad \left| \begin{array}{l} n_R = 1{,}62 \\ n_{air} = 1{,}00 \\ i_1 = 30\ ° \end{array} \right.$$

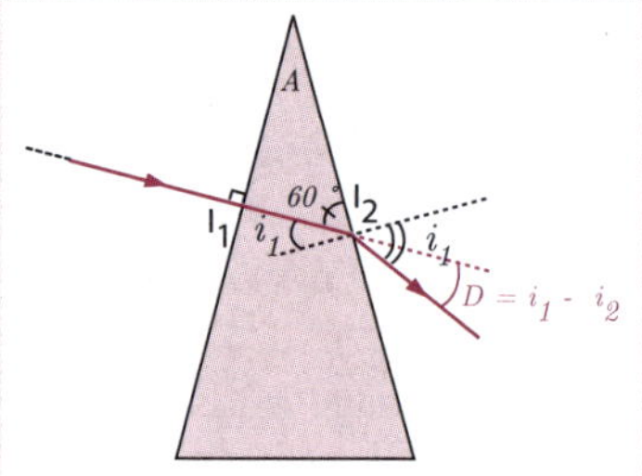

Figure 7.19

Numériquement :

$\sin i_{2R} = 1{,}62 \times \sin 30 = 0{,}81$, soit $_{2R} = 54{,}1\ °$

La déviation D_R est donnée par :

$$D_R = i_{2R} - i_1$$

Soit numériquement $D_R = 24{,}1\ °$.

Déterminons la déviation D pour la radiation bleue.

De la même façon, si i_{2B} est l'angle de réfraction à la sortie du prisme, on peut écrire :

$$n_B \sin i_1 = n_{air} \sin i_{2B} \quad \text{avec} \quad \left| \begin{array}{l} n_B = 1{,}64 \\ n_{air} = 1{,}00 \\ i_1 = 30\ ° \end{array} \right.$$

Numériquement :

$\sin i_{2B} = 1{,}64 \times \sin 30 = 0{,}82$, soit $i_{2B} = 55{,}1\ °$

La déviation D_B est donnée par :

$$D_B = i_{2B} - i_1$$

Soit numériquement $D_B = 25{,}2\ °$.

L'angle entre la radiation rouge et la radiation bleue est donc de $\alpha = 1\ °$.

La radiation rouge n'est pas déviée et la radiation bleue se forme au point focal image secondaire (Fig. 7.20)

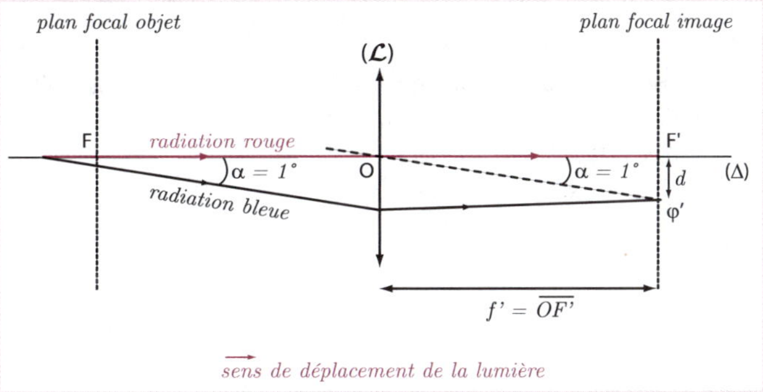

Figure 7.20

la distance séparant sur l'écran les deux points-images rouge et bleu est :

$$d = a.f' \quad \text{avec} \quad \alpha \text{ en rad}$$

Application numérique :

$a = 1\,° = \dfrac{\pi}{180} \simeq 1{,}745.10^{-2}$ rad.

Et par suite $d = 1{,}745.10^{-2} \times 0{,}5 \simeq 8{,}73.10^{-3}$ m, soit 8,73 mm.

Exercices

7.3

Le rayon incident arrive normalement sur la face BC : il n'est donc pas dévié (Fig. 7.21).

À l'intérieur du prisme :

• **Au niveau de la face AB** (dioptre verre/air) : soit I_1 le point d'incidence.

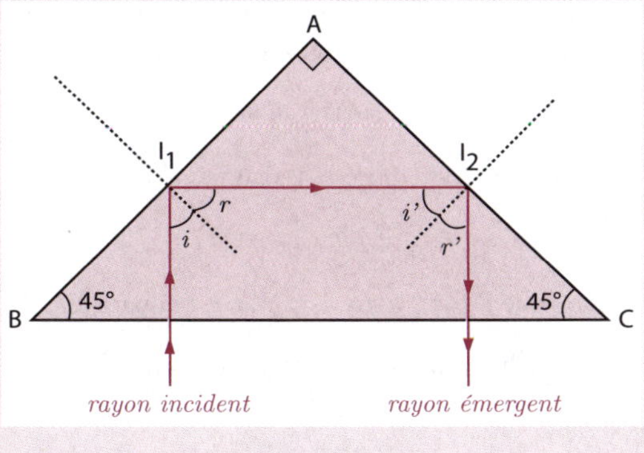

Figure 7.21

L'angle d'incidence i correspond à l'angle que fait le rayon incident avec la normale au dioptre.

Comme le triangle ABC est rectangle isocèle, alors $i = 45°$.

La réfraction sur ce dioptre verre/air n'est possible que si l'angle d'incidence i est inférieur à l'angle de réfraction limite donné par :

$$i_{\text{lim}} = \arcsin \frac{n_{air}}{n}$$

Numériquement

$$i_{\text{lim}} = \arcsin \frac{1}{1{,}500} = 41{,}8\,°.$$

Comme $i < i_{\text{lim}}$ alors on a une réflexion totale.

• **Au niveau de la face AC** (dioptre verre/air) : soit I_2 le point d'incidence.

De la même façon, le rayon arrive sous une incidence de 45 °, supérieure à i_{lim} : on a donc une réflexion totale.

Conclusion :

Le rayon émergent arrive normalement sur la face BC, il est donc parallèle au rayon incident.

7.4

1. Déterminons d'abord l'angle d'incidence au niveau du dioptre verre/liquide. Soit I le point d'incidence.

Le rayon arrive normalement sur la face AB, donc le triangle BHI est rectangle en H et par suite $\widehat{BIH} = 30\,°$ (Fig. 7.22).

L'angle d'incidence correspond à l'angle que fait le rayon incident avec la normale au dioptre verre/liquide, ainsi :

$$i_1 = 60\,°$$

On applique la loi de Snell-Descartes pour la réfraction (dioptre verre/liquide).

$$n \sin i_1 = n' \sin i_2$$

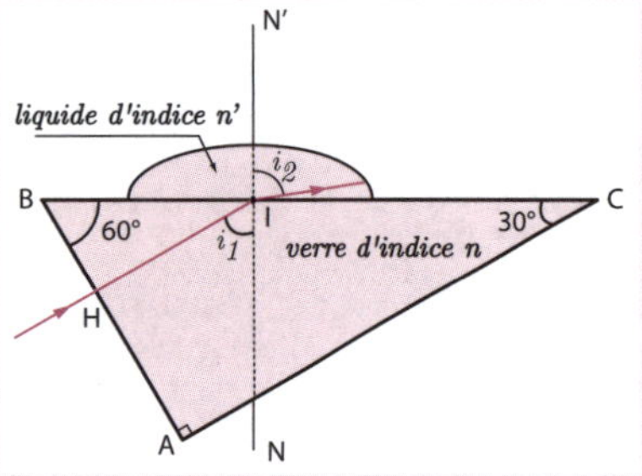

Figure 7.22

soit,

$$\sin i_1 = \frac{n'}{n} \sin i_2 \quad (1)$$

À $i_2 = 90\,°$ correspond un angle d'incidence limite i_{lim} tel que :

$$\sin i_{\text{lim}} = \frac{n'}{n} \quad (2)$$

À retenir

La réflexion totale a lieu lorsque :

- l'indice du milieu d'incidence est plus grand que l'indice du milieu de réfraction, et
- l'angle d'incidence est supérieur à l'angle limite

$$i_{\text{lim}} = \arcsin\left(\frac{n_{liq}}{n}\right).$$

Calcul de l'indice de réfraction du liquide. D'après la relation (2), on a $n' = n \sin i_{\text{lim}}$.

Numériquement,

$$n' = 1{,}5 \times \sin(60) \simeq 1{,}30.$$

7.5

1. Soient I et I' les points d'incidence au niveau des deux dioptres air/verre puis verre/air (Fig. 7.23).

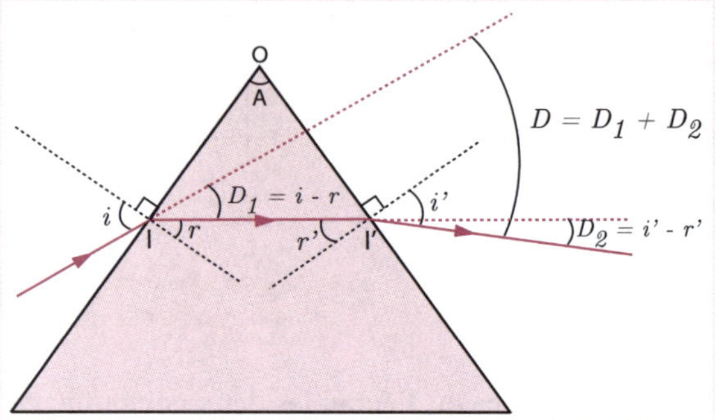

Figure 7.23

Dans le triangle OII', on a :

$$A + (\frac{\pi}{2} - r) + (\frac{\pi}{2} - r') = \pi$$

Soit : $$A = r + r'.$$

Le rayon émergent subit deux réfractions et par suite la déviation totale D est telle que :

$$D = D_1 + D_2\,;$$

D_1 et D_2 représentent les déviations au niveau de chaque dioptre

Comme $\left| \begin{array}{l} D_1 = i - r \\ \quad \text{et} \\ D_2 = i' - r' \end{array} \right.$,

$$\text{alors } D = D_1 + D_2 = (i - r) + (i' - r')$$

Soit : $$D = i + i' - A.$$

2. a) Le prisme est placé dans l'air, $n_{air} = 1$. Le rayon incident suit la loi de Snell-Descartes de la réfraction au passage du premier dioptre, les angles i et r sont tels que :

$$\sin i = n.\sin r$$

À la sortie du second dioptre, les angles i' et r' sont tels que :

$$n.\sin r' = \sin i'$$

Ainsi, lorsque $i = i' = i_m$, $r = r' = r_m$ et par suite

$$A = 2r_m,\ \sin i_m = n.\sin r_m \text{ et } D_{\min} = 2i_m - A$$

soit :

$$r_m = \frac{A}{2},\ i_m = \frac{D_{\min} + A}{2}$$

b) La relation de Descartes donne pour une incidence $i = i_m$:

$$\sin i_m = n.\sin r_m$$

Soit :

$$n = \frac{\sin i_m}{\sin r_m} = \frac{\sin\left(\dfrac{D_{\min} + A}{2}\right)}{\sin\left(\dfrac{A}{2}\right)}$$

Application numérique :
Pour $D_{\min} = 37\,°12\,' = 37{,}2\,°$,

$$n = \frac{\sin\left(\dfrac{37{,}2 + 60}{2}\right)}{\sin\left(\dfrac{60}{2}\right)} = 1{,}50$$

La courbe donnant les variations de la déviation D en fonction de l'angle d'incidence i est celle de la figure 7.24.

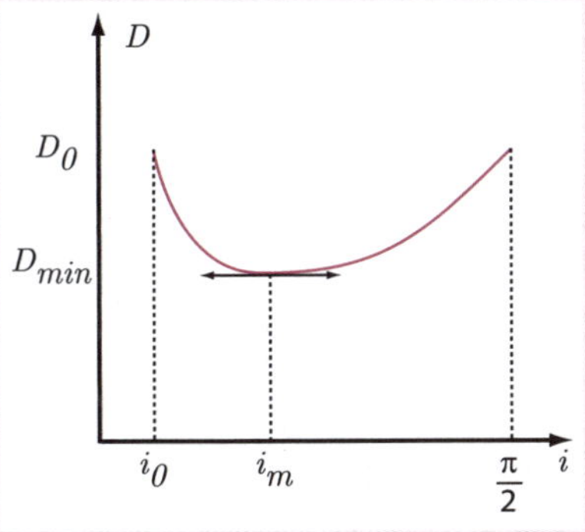

Figure 7.24

La valeur i_0 correspond à la valeur minimale de i pour laquelle on a $i' = \dfrac{\pi}{2}$.

7.6

1. L'objet AB est placé devant la face d'entrée de la lentille, il est donc réel. L'image $A'B'$ est recueillie sur un écran, elle est donc réelle.

2. Détermination de la distance focale par la méthode graphique.

a) Pour la construction, on utilise la méthode suivante :

- on place l'objet AB et son image $A'B'$ (renversée) dans le rapport $\dfrac{A'B'}{AB} = 1{,}5$ et distants de $d = 50$ cm ;
- un rayon issu de B et passant par B' passe par le centre optique O sans être dévié (on détermine ainsi la position de la lentille) ;
- un rayon issu de B et parallèle à l'axe optique émerge en passant par F' (on détermine ainsi les positions des points F et F' et par suite la distance focale $f' = \overline{OF'}$).

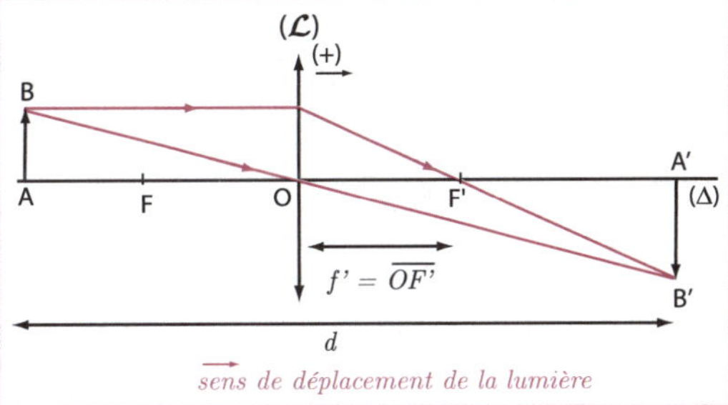

Figure 7.25

b) On détermine le rapport $\dfrac{d}{f'}$.

Graphiquement, on trouve $\dfrac{d}{f'} \simeq 6$.

Comme $d = 50$ cm, alors $f' \simeq 12$ cm

3. a) L'image étant renversée, $\gamma < 0$. Comme $A'B' = 1{,}5.AB$, alors

$$\gamma = \frac{\overline{A'B'}}{\overline{AB}} = -1{,}5.$$

De $\gamma = \dfrac{\overline{OA'}}{\overline{OA}}$ on déduit $\overline{OA'} = \gamma\overline{OA}$.

La distance objet-image est $d = \overline{AA'} > 0$.
Comme $\overline{AA'} = \overline{AO} + \overline{OA'} = \overline{OA'} - \overline{OA}$, alors :

$$d = \overline{AA'} = \gamma\overline{OA} - \overline{OA} = (\gamma - 1).\overline{OA}$$

Ainsi :

$$\overline{OA} = \frac{d}{\gamma - 1} \quad \text{et} \quad \overline{OA'} = \gamma\frac{d}{\gamma - 1}$$

Application numérique :

$$\overline{OA} = \frac{50}{-1{,}5 - 1} = -20 \text{ cm}$$

$$\text{et} \quad \overline{OA'} = -1{,}5 \times \frac{50}{-1{,}5 - 1} = 30 \text{ cm.}$$

b) D'après la relation de conjugaison :

$$\frac{1}{\overline{OA'}} - \frac{1}{\overline{OA}} = \frac{1}{f_1'}, \quad \text{soit} \quad f' = \frac{\overline{OA}.\overline{OA'}}{\overline{OA} - \overline{OA'}}$$

Comme $\overline{OA'} = \gamma \overline{OA}$ et $\overline{OA} = \dfrac{d}{\gamma - 1}$, alors :

$$f' = \frac{\dfrac{d}{\gamma-1}.\gamma\dfrac{d}{\gamma-1}}{\dfrac{d}{\gamma-1} - \gamma\dfrac{d}{\gamma-1}} = \gamma\frac{d}{(\gamma-1)(1-\gamma)}$$

et $$C = \frac{(\gamma-1)(1-\gamma)}{\gamma d}$$

Application numérique :

$$f' = -1{,}5 \times \frac{50}{(-1{,}5-1)(1+1{,}5)} = 12 \text{ cm}$$

et $$C = \frac{1}{0{,}12} = 8{,}3\ \delta$$

7.7

1. La lentille $(\mathcal{L}_1)$ de centre optique O_1 donne de l'objet AB une image A_1B_1.

D'après la relation de conjugaison :

$$\frac{1}{\overline{O_1A_1}} - \frac{1}{\overline{O_1A}} = \frac{1}{f_1'},$$

soit

$$\frac{1}{\overline{O_1A_1}} = \frac{1}{\overline{O_1A}} + \frac{1}{f_1'}$$

ou encore

$$\overline{O_1A_1} = \frac{\overline{O_1A} \times f_1'}{\overline{O_1A} + f_1'}$$

Comme $\overline{O_1A} = -0{,}25$ m et $f_1' = 20$ cm $= 0{,}20$ m, alors :

$$\overline{O_1A_1} = \frac{(-0{,}25) \times 0{,}20}{-0{,}25 + 0{,}20} = 1{,}0 \text{ m}$$

L'image A_1B_1 se forme donc à 1,0 m de la lentille et elle est réelle (Fig. 7.26).

Le grandissement est

$$\gamma = \frac{\overline{A_1B_1}}{\overline{AB}} = \frac{\overline{O_1A_1}}{\overline{O_1A}}$$

Application numérique :

$$\gamma = \frac{\overline{A_1B_1}}{\overline{AB}} = \frac{1{,}0}{-0{,}25} = -4{,}0.$$

$\gamma < 0$: l'image est renversée ;
$|\gamma| = 4{,}0 > 1$: l'image est agrandie

Taille de l'image A_1B_1 :

On a $A_1B_1 = |\gamma| .AB$,

soit numériquement $A_1B_1 = 4{,}0 \times 5{,}0 = 20$ cm.

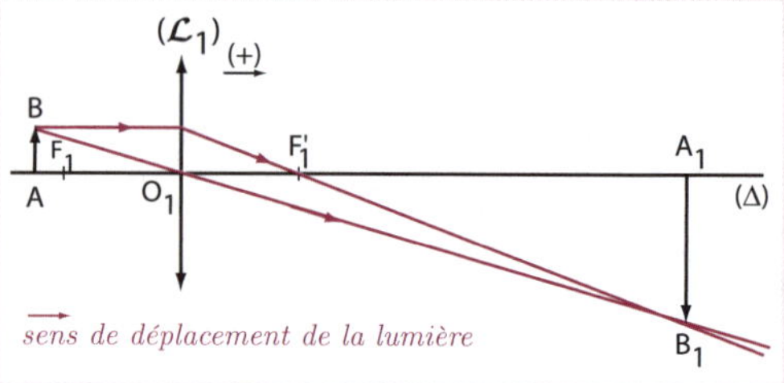

Figure 7.26

2. A_1B_1 image de AB à travers la lentille $(\mathcal{L}_1)$ devient objet pour la lentille $(\mathcal{L}_2)$. La lentille $(\mathcal{L}_2)$ de centre optique O_2 et de distance focale f_2' donne de cet objet A_1B_1 une image définitive $A'B'$ (Fig. 7.27).

D'après la relation de conjugaison :

$$\frac{1}{\overline{O_2A'}} - \frac{1}{\overline{O_2A_1}} = \frac{1}{f_2'},$$

soit

$$\frac{1}{\overline{O_2A'}} = \frac{1}{\overline{O_2A_1}} + \frac{1}{f_2'}$$

ou encore

$$\overline{O_2A'} = \frac{\overline{O_2A_1} \times f_2'}{\overline{O_2A_1} + f_2'}$$

On a $\overline{O_2A_1} = \overline{O_2O_1} + \overline{O_1A_1}$,

soit numériquement $\overline{O_2A_1} = -1{,}10 + 1{,}0 = -0{,}10$ m

Par suite :

$$\overline{O_2A'} = \frac{-0{,}10 \times 0{,}15}{-0{,}10 + 0{,}15} = -0{,}30 \text{ m}, \quad \text{soit } -30 \text{ cm}$$

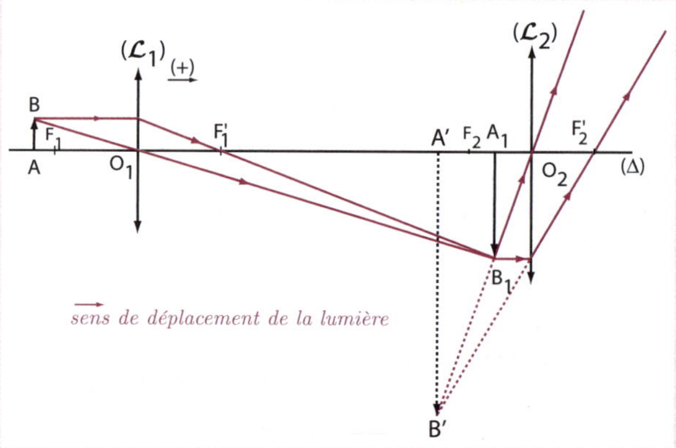

Figure 7.27

7.8

1. La lentille ($\mathcal{L}$) de centre optique O donne de l'objet AB une image $A'B'$.

D'après la relation de conjugaison :

$$\frac{1}{\overline{OA'}} - \frac{1}{\overline{OA}} = \frac{1}{f'} = C,$$

soit

$$\frac{1}{\overline{OA'}} = \frac{1}{\overline{OA}} + \frac{1}{f_1'}$$

ou encore

$$\overline{OA'} = \frac{\overline{OA} \times f_1'}{\overline{OA} + f_1'}$$

Comme $\overline{OA} = -0{,}05$ m et $f_1' = \frac{1}{C} = 0{,}10$ m, alors :

$$\overline{OA'} = \frac{(-0{,}05) \times 0{,}10}{-0{,}05 + 0{,}10} = -0{,}10 \text{ m}$$

L'image $A'B'$ est située à 10 cm en avant de la lentille : c'est une image virtuelle.

Le grandissement est $\gamma = \frac{\overline{A'B'}}{\overline{AB}} = \frac{\overline{OA'}}{\overline{OA}}$.

Application numérique :

$$\gamma = \frac{\overline{OA'}}{\overline{OA}} = \frac{-0{,}10}{-0{,}05} = +2{,}0.$$

$\gamma > 0$: l'image est droite ;

$|\gamma| = 2{,}0 > 1$: l'image est agrandie

Taille de l'image $A'B'$:

On a $A'B' = |\gamma| . AB$,

soit numériquement $A'B' = 2{,}0 \times 2{,}0 = 4{,}0$ cm.

b) Pour la construction, on choisira deux rayons particuliers :

- un rayon passant par le centre optique n'est pas dévié ;
- un rayon incident parallèle à l'axe optique émerge en passant par F'.

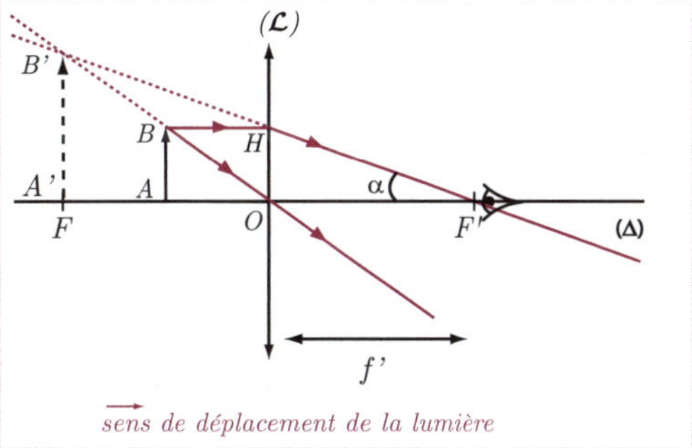

Figure 7.28

2. a) Un œil placé au foyer image voit l'image $A'B'$ sous un angle α, tel que :

$$\tan\alpha = \frac{\overline{A'B'}}{\overline{A'F'}} = \frac{\overline{OH}}{\overline{OF'}}$$

Comme $\overline{OH} = \overline{AB}$ et $\overline{OF'} = f'$, alors :

$$\tan\alpha = \frac{h}{f'}$$

Application numérique :

$\tan\alpha = \frac{2}{10} = 0{,}20$, soit $\alpha = 11\,°20\,'$.

b) Si on éloigne progressivement l'objet AB jusqu'à ce que le point A vienne en F, l'angle α ne varie pas. En effet, α ne dépend pas de la position de A ; il ne dépend que de la taille de l'objet et de la distance focale f' de la lentille.

8 Ondes et physique quantique

1. Nature ondulatoire de la lumière Ondes électromagnétiques

Le phénomène de diffraction s'accompagne de modifications de la direction de propagation et de l'intensité lumineuse, phénomène qui ne peut s'interpréter ni par la réflexion ni par la réfraction.

Que se produit-il quand la lumière rencontre un écran ou un obstacle ?

La présence d'un écran ou d'un obstacle perturbe la propagation des ondes. L'ensemble des perturbations engendrées par ces deux obstacles met en évidence le phénomène de diffraction.

La lumière se répartit dans des directions non prévues par le principe de propagation rectiligne.

Les figures ci-dessous donnent les figures de diffraction obtenues par une fente de largeur a et un trou de diamètre d.

Diffraction par une fente de largeur a

Pour une radiation de longueur d'onde λ et avec une fente verticale de largeur a, on obtient sur l'écran, placé à une distance D du plan de la fente, une figure horizontale constituée de taches lumineuses régulièrement disposées autour d'une tache centrale plus large (Fig. 8.1).

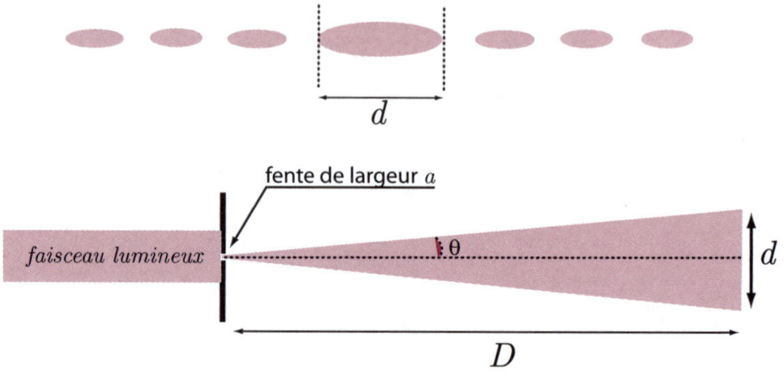

Figure 8.1

Le demi-diamètre apparent θ de la frange centrale est tel que :

$\theta = \dfrac{\lambda}{a}$	θ : en rad λ : longueur d'onde en m a : largeur de la fente en m

Diffraction par un trou de diamètre D

Avec un trou de diamètre D relativement faible, on observe une tache centrale très lumineuse, appelée tache d'Airy, entourée d'anneaux concentriques alternativement sombres et brillants (Fig. 8.2).

Figure 8.2

La demi-largeur angulaire du maximum central est donnée par :

$$\theta = 1{,}22\frac{\lambda}{D}$$

(λ et D en mθ, en rad)

Le phénomène de diffraction est un phénomène caractéristique des ondes : la lumière est une onde qui se propage.

Peut-on isoler un rayon lumineux ?

Pour isoler un rayon lumineux, il faut pouvoir à partir d'un faisceau lumineux, diminuer son diamètre sans le modifier. Le phénomène de diffraction rend l'opération irréalisable.

À cause du phénomène de diffraction il est impossible d'isoler un rayon lumineux.

Le phénomène de diffraction se manifeste chaque fois que l'onde rencontre un obstacle (ouverture ou bord) dont la taille caractéristique est de l'ordre de sa longueur d'onde.

La diffraction conserve la fréquence et la longueur d'onde mais modifie la forme de l'onde.

Le rayon lumineux n'a pas de réalité physique mais il est utile comme modèle pour représenter le trajet suivi par la lumière.

Dans la pratique, le phénomène de diffraction apparaît lorsque l'ouverture a des dimensions inférieures à quelques centaines de longueurs d'onde.

Quel est le rôle de la taille de l'ouverture sur le phénomène de diffraction ?

Le phénomène de diffraction est d'autant plus marqué que les ouvertures ou les obstacles diffractants sont plus petits. Leurs tailles sont faibles par rapport à la longueur d'onde λ de l'onde.

Qu'est-ce qu'une onde électromagnétique ?

C'est le physicien James Clerk **Maxwell** (1831, 1879) qui montra en 1864 que le phénomène lumineux peut être interprété comme résultant de la propagation simultanée dans l'espace d'un champ électrique $\overrightarrow{E}$ et d'un champ d'induction magnétique $\overrightarrow{B}$ avec la même célérité c et transportant de l'énergie rayonnante.

On appelle onde électromagnétique une onde de cette nature et la lumière est un ensemble d'ondes électromognatiques.

Exemple : dans le cas d'un onde plane sinusoïdale polarisée rectilignement, les vecteurs $\overrightarrow{E}$ et $\overrightarrow{B}$ gardent des directions fixes (Fig. 8.3).

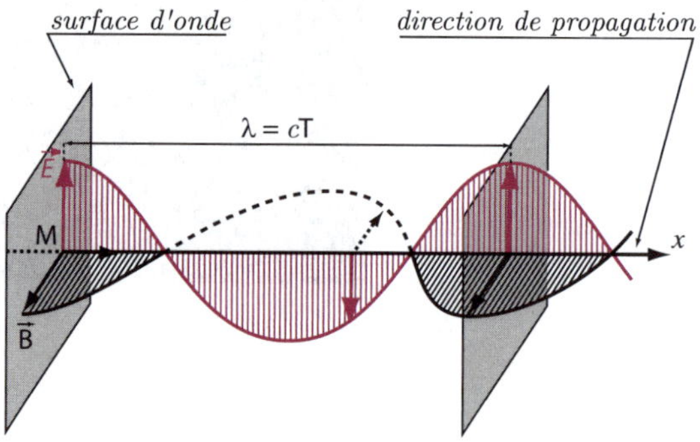

Figure 8.3

Quels sont les différents domaines des ondes électromagnétiques ?

Le spectre des ondes électromagnétiques est très vaste et s'étale continûment de 10^{-15} m à environ 1 000 km.

Le tableau ci-après donne le spectre des ondes électromagnétiques et le domaine de leur utilisation (Fig. 8.4).

Comment caractérise-t-on une onde lumineuse ?

- Les ondes lumineuses ne sont pas des ondes mécaniques et ne nécessitent donc pas de milieu matériel pour se propager.

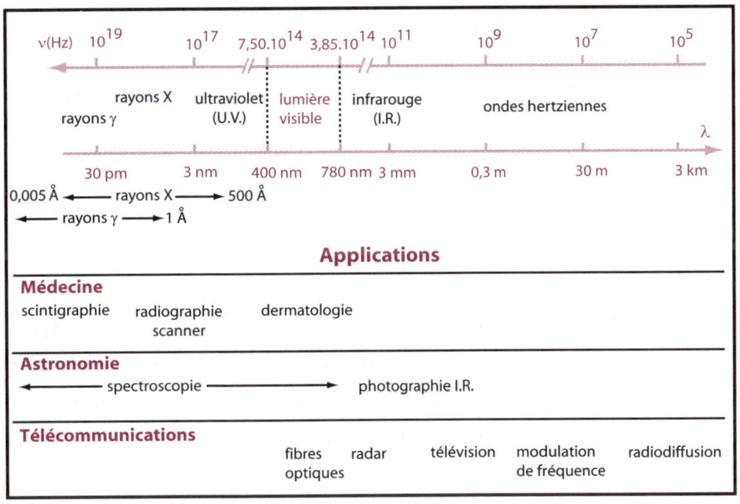

Figure 8.4

La couleur de la radiation est associée à la fréquence.

- Dans le cas où l'onde est décrite par une onde sinusoïdale, on peut lui associer une fréquence unique ν : la radiation correspondante est dite monochromatique.
- La fréquence d'une radiation monochromatique est indépendante du milieu de propagation.
- Dans le vide, toutes les ondes électromagnétiques, visibles ou invisibles, se propagent à la célérité constante $c \simeq 3{,}00.10^8$ m.s^{-1}.
- Une onde lumineuse ou radiation lumineuse est caractérisée par sa longueur d'onde λ_0 dans le vide :

$$\lambda_0 = cT = \frac{c}{\nu}$$

λ_0 : longueur d'onde en m
c : célérité en m.s^{-1}
T : période en s
ν : fréquence en Hz

- Dans un milieu d'indice n, la longueur d'onde d'une radiation monochromatique est telle que :

$$\lambda = \frac{\lambda_0}{n}$$

λ : longueur d'onde dans un milieu d'indice n
λ_0 : longueur d'onde dans le vide
n : indice de réfraction du milieu

- Les longueurs d'onde dans le vide des radiations visibles appartiennent à un domaine très étroit des ondes électromagnétiques. De part et d'autre des radiations visibles, on trouve les ultraviolets et les infrarouges

$$400 \text{ nm} < \lambda_{\text{visible}} < 800 \text{ nm}, \quad \text{avec} \quad 1 \text{ nm} = 0{,}001\ \mu\text{m} = 10^{-9} \text{ m}$$

2. Nature corpusculaire de la lumière Transitions électroniques

Quel est l'effet d'une radiation lumineuse sur un métal ?

Cet effet de seuil était inexplicable dans la conception continue de l'énergie lumineuse de la théorie électromagnétique classique.

Lorsqu'un corps (généralement un métal) est convenablement éclairé par une radiation monochromatique, des électrons peuvent être éjectés : c'est l'**effet photoélectrique**.

L'émission photoélectrique ne se produit que si la fréquence ν de la lumière qui frappe le métal est supérieure à une limite ν_0, caractéristique de ce métal (Fig. 8.5).

$$\nu \geqslant \nu_0 \iff \lambda \leqslant \lambda_0$$

(ν_0 : fréquence seuil) (λ_0 : longueur d'onde seuil)
(condition d'existence de l'effet photoélectrique)

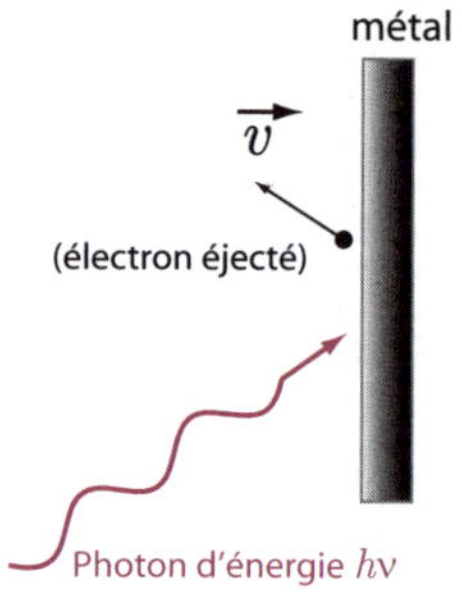

Figure 8.5

Qu'est-ce qu'un photon ?

L'énergie d'un rayonnement monochromatique est quantifiée.

- Un rayon lumineux monochromatique peut être décrit comme une onde de fréquence ν, qui se propage comme un ensemble de corpuscules en mouvement, les photons.
- Chaque **photon** est un corpuscule de masse nulle, se déplaçant à la célérité c (célérité de la lumière) dans le vide, transportant l'énergie $\mathcal{E}$ telle que :

La quantité élémentaire $\mathcal{E} = h\nu$, transportée par un photon, est appelée *quantum d'énergie*.

$\mathcal{E}(\text{ J}) = h\nu = h\dfrac{c}{\lambda(\text{ m})}$	$\mathcal{E}$: énergie du photon en J h : constante de Planck en J.s ν : fréquence en Hz λ : longueur d'onde en m c : célérité de la lumière dans le vide en m.s^{-1}

On peut montrer que l'énergie, exprimée en électronvolt, est donnée par :

$$\mathcal{E}(\text{ eV}) = \frac{1\,240}{\lambda(\text{ nm})}$$

- Cette particule est dotée d'une quantité de mouvement :

$p = \frac{\mathcal{E}}{c} = \frac{h}{\lambda}$	p : quantité de mouvement du photon en kg.m.s^{-1} $\mathcal{E}$: énergie du photon en J h : constante de Planck en J.s λ : longueur d'onde en m c : célérité de la lumière dans le vide en m.s^{-1}

3. Niveaux d'énergie d'un atome

L'énergie d'un atome est-elle quantifiée ?

En s'éloignant du noyau l'énergie $\mathcal{E}$ augmente et en s'approchant $\mathcal{E}$ diminue, $\mathcal{E}_c$ et $\mathcal{E}_p$ prennent donc des valeurs différentes.

Étudions le cas simple de l'atome d'hydrogène.

- Il est constitué d'un noyau ne contenant le plus souvent qu'un proton que nous considérons immobile autour duquel gravite un électron. À une distance donnée du noyau, l'électron possède de l'énergie cinétique $\mathcal{E}_c$ et de l'énergie potentielle de position $\mathcal{E}_p$ par rapport au noyau. L'électron possède donc une énergie bien déterminée :

$$\mathcal{E} = \mathcal{E}_c + \mathcal{E}_p$$

- Seules des valeurs bien déterminées de son énergie, formant une **suite discontinue**, sont possibles : on dit que l'**énergie de l'atome est quantifiée**.
- Le niveau d'énergie le plus faible est celui de l'**état fondamental** du système lié noyau-électron, les autres états sont des **états excités**.
- L'énergie de l'atome d'hydrogène est donnée par :

n représente le nombre quantique principal. Il définit le numéro de la couche occupée par l'électron.

$\mathcal{E}_n(\text{ en eV}) = -\frac{13{,}6}{n^2}$	$\mathcal{E}_n$: énergie de l'atome en eV n : nombre quantique ; $n \in \{1,2,3,\ldots\}$

- Les différents niveaux quantifiés sont représentés sur un diagramme appelé **diagramme d'énergie**.

Comment expliquer les mécanismes d'émission ou d'absorption de la lumière par un atome ?

Spectre d'émission

Lors de la transition électronique d'un atome, celui-ci restitue l'énergie emmagasinée sous forme d'énergie lumineuse par émission d'un photon. Il passe spontanément de l'état $\mathcal{E}_n$ à l'état $\mathcal{E}_p$ avec $\mathcal{E}_n > \mathcal{E}_p$ (Fig. 8.6).

Les raies brillantes des spectres d'émission correspondent aux transitions électroniques au cours desquelles l'énergie de l'atome diminue.

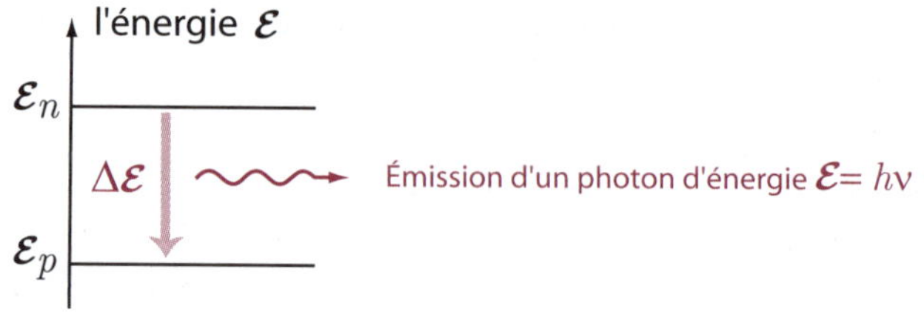

Figure 8.6

L'énergie libérée est transportée par un photon dont la fréquence $\nu_{n\longrightarrow p}$ est telle que :

$$\nu_{n\longrightarrow p} = \frac{\mathcal{E}_n - \mathcal{E}_p}{h}$$
soit
$$\lambda_{n\longrightarrow p} = \frac{hc}{(\mathcal{E}_n - \mathcal{E}_p)}$$

$\nu_{n\longrightarrow p}$: fréquence du photon émis en Hz
$\mathcal{E}_n$ et $\mathcal{E}_p$ en J
h : constante de Planck en J.s
$\lambda_{n\longrightarrow p}$: longueur d'onde du photon émis en m

Spectre d'absorption

L'atome reçoit toutes les radiations du spectre visible, mais seulement certaines transitions sont permises, celles qui correspondent à des transitions électroniques entre niveaux d'énergie bien précis. Les transitions possibles se produisent en absorbant des photons d'énergie telle que $\Delta\mathcal{E} = \mathcal{E}_n - \mathcal{E}_p = h\nu_{n\longrightarrow p}$ (Fig. 8.7).

Les raies noires des spectres d'absorption correspondent aux transitions électroniques au cours desquelles l'énergie de l'atome augmente.

Figure 8.7

La radiation de fréquence $\nu_{n\longrightarrow p}$ disparaît du spectre et une raie noire apparaît à sa place dans le spectre.

QCM

8.1 Un laser de puissance $\mathcal{P} = 1{,}00$ mW, émet une lumière de longueur d'onde $\lambda = 500$ nm.

Le nombre de photons émis par seconde est :

❑ **a.** $6{,}62.10^{13}$ ❑ **b.** $2{,}15.10^{13}$ ❑ **c.** $2{,}51.10^{15}$

La quantité de mouvement de chaque photon émis vaut :

❑ **d.** $1{,}33.10^{-27}$ kg.m.s^{-1} ❑ **e.** $1{,}00.10^{-11}$ kg.m.s^{-1}

8.2 La transition électronique $3 \longrightarrow 2$ de l'atome d'hydrogène correspond à une radiation :

❑ **a.** de longueur d'onde égale à 586 nm. ❑ **b.** de fréquence égale à $5{,}12.10^{14}$ Hz.

❑ **c.** de longueur d'onde différente de celle correspondant à la transition $2 \longrightarrow 3$.

❑ **d.** d'énergie 2,11 eV. ❑ **e.** appartenant au domaine du visible.

Exercices

8.3 Caractère ondulatoire et corpusculaire de la lumière

1. Décrire une expérience mettant en évidence le caractère ondulatoire de la lumière.

2. Quel est l'autre modèle de la nature de la lumière qui est nécessaire pour interpréter l'existence des spectres atomiques ?

3. Le laser que vous avez utilisé au lycée émet une lumière rouge résultant de la transition entre deux niveaux d'énergie du néon, distants de 1,96 eV.

Calculer la longueur d'onde dans le vide λ_0 de cette radiation.

On donne :

- Charge élémentaire : $e = 1{,}6.10^{-19}$ C
- Célérité de la lumière dans le vide : $c = 3{,}0.10^{8}$ m.s^{-1}
- Constante de Planck : $h = 6{,}63.10^{-34}$ J.s

8.4 Propriétés d'une onde

1. Quelle est, dans le vide, la longueur d'onde d'une onde électromagnétique de fréquence $\nu = 10^{14}$ Hz ? À quel domaine du spectre appartient cette radiation ?

2. Cette radiation passe ensuite d'un milieu transparent (1) à un autre milieu transparent (2) :

a) Sa vitesse de propagation change-t-elle ?

b) Sa longueur d'onde change-t-elle ?

c) Sa fréquence change-t-elle ?

On donne :

- Milieu (1) : l'eau d'indice $n_1 = 1{,}33$
- Milieu (2) : le verre d'indice $n_2 = 1{,}50$
- Charge élémentaire : $e = 1{,}6.10^{-19}$ C
- Célérité de la lumière dans le vide : $c = 3{,}0.10^{8}$ m.s^{-1}
- Constante de Planck : $h = 6{,}63.10^{-34}$ J.s

8.5 Énergie d'un photon – Travail d'extraction d'un métal

Le travail d'extraction d'un électron du métal zinc est $W_0 = 3{,}4$ eV.

1. Calculer la fréquence seuil ν_0 du zinc. En déduire la longueur d'onde λ_0.

2. On éclaire une plaque de zinc par une radiation de longueur d'onde $\lambda = 250$ nm.

a) À quel domaine appartient cette radiation ?

b) Un effet photoélectrique est-il observé ? Si oui, calculer l'énergie cinétique maximale de sortie des électrons puis en déduire leur vitesse.

On donne :

- Constante de Planck : $h = 6{,}63.10^{-34}$ J.s
- Célérité de la lumière dans le vide : $c = 3{,}0.10^{8}$ m.s^{-1}
- Masse de l'électron : $m_e = 9{,}1.10^{-31}$ kg

8.6 L'atome d'hydrogène

On peut attribuer aux niveaux d'énergie de l'atome d'hydrogène les valeurs :

$$\mathcal{E}_n = -\frac{\mathcal{E}_0}{n^2} \quad \text{avec} \quad \mathcal{E}_0 = 2{,}18.10^{-18}\ \text{J}$$

et n entier strictement positif

1. Calculer les fréquences $\nu_{3\longrightarrow 1}$ et $\nu_{2\longrightarrow 1}$ des radiations émises lors des transitions électroniques du niveau d'énergie $\mathcal{E}_3$ au niveau d'énergie $\mathcal{E}_1$ et du niveau d'énergie $\mathcal{E}_2$ au niveau d'énergie $\mathcal{E}_1$.

En déduire les longueurs d'onde $\lambda_{3\longrightarrow 1}$ et $\lambda_{2\longrightarrow 1}$, dans le vide, des radiations correspondantes.

Dans quel domaine spectral (ultraviolet, visible, infrarouge) sont-elles situées ?

2. Quelle est la longueur d'onde la plus courte que l'on peut trouver dans le spectre de l'atome d'hydrogène ?

8.7 Niveaux d'énergie de l'atome de sodium

1. L'analyse du spectre d'émission d'une lampe à vapeur de sodium révèle la présence de raies de longueurs d'onde bien définies (Fig. 8.8).

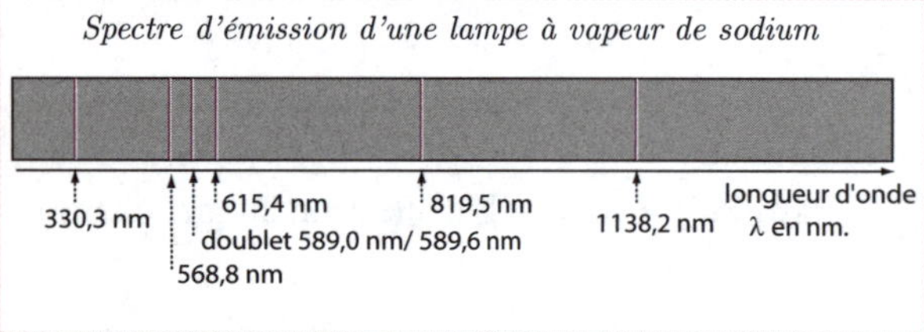

Figure 8.8

a) Justifier la discontinuité du spectre.

b) Indiquer à quelle variation d'énergie correspond, pour l'atome de sodium, l'émission de la raie $\lambda = 589$ nm. Quels sont les niveaux d'énergie concernés ?

2. La figure 8.9 donne le diagramme simplifié de quelques niveaux d'énergie quantifiés de l'atome de sodium.

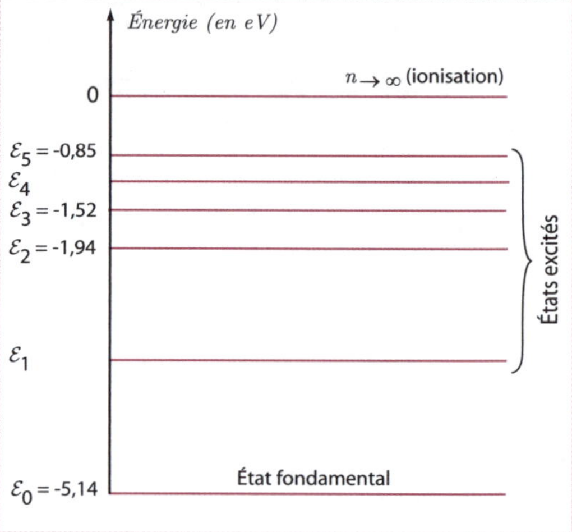

Figure 8.9

Lors du passage de l'état excité d'énergie $\mathcal{E}_4$ à l'état fondamental, il y a émission d'un photon de longueur d'onde $\lambda_1 = 330$ nm. Lors du passage de l'état excité d'énergie $\mathcal{E}_2$ à l'état excité d'énergie $\mathcal{E}_1$, il y a émission d'un photon de longueur d'onde $\lambda_2 = 1\,138$ nm.

a) À quel domaine spectral (ultraviolet, visible, infrarouge) appartiennent ces deux longueurs d'onde ?

b) Calculer les valeurs des niveaux d'énergie $\mathcal{E}_1$ et $\mathcal{E}_4$ des états excités.

3. L'atome de sodium, pris dans son état fondamental, reçoit un photon de longueur d'onde $\lambda = 589{,}3$ nm. Ce photon est-il absorbé ? Si oui, quel est alors le niveau d'énergie de l'atome de sodium ?

On donne :

- Constante de Planck : $h = 6{,}62.10^{-34}$ J.s.
- Célérité de la lumière dans le vide : $c = 3{,}0.10^8$ m.s^{-1}.
- Charge élémentaire : $e = 1{,}6.10^{-19}$ C.

Corrigés

QCM

8.1 **Les affirmations correctes sont c. et d.**

La puissance $\mathcal{P}$ est donnée par :

$$\mathcal{P} = \frac{d\mathcal{E}}{dt}$$

L'énergie émise par ce laser durant $\Delta t = 1$ s est :

$$\mathcal{E} = \int_0^1 \mathcal{P}dt = \mathcal{P}\Delta t$$

Numériquement : $\mathcal{E} = 1{,}00.10^{-3} \times 1 = 1{,}00.10^{-3}$ J.

Cette énergie représente l'énergie de N photons émis, soit $\mathcal{E} = N.\,\mathcal{E}_{\text{photon}}$.

L'énergie d'un photon est donnée par :

$$\mathcal{E}_{\text{photon}} = h\nu = h\frac{c}{\lambda}$$

- $\mathcal{E}_{\text{photon}}$: énergie du photon en J
- h : constante de Planck en J.s
- ν : fréquence de la radiation en Hz
- c : célérité de la lumière en m.s^{-1}
- λ : longueur d'onde de la radiation en m

Ainsi :

$$\mathcal{E} = N.\mathcal{E}_{\text{photon}} = N.h\frac{c}{\lambda}, \quad \text{soit } N = \frac{\lambda.\mathcal{E}}{hc}$$

Application numérique :

$$N = \frac{500.10^{-9} \times 1{,}00.10^{-3}}{6{,}63.10^{-34} \times 3{,}0.10^{8}} = 2{,}51.10^{15}$$

La quantité de mouvement d'un photon est :

$$p = \frac{\mathcal{E}_{\text{photon}}}{c} = \frac{h}{\lambda}$$

Application numérique :

$$p = \frac{6{,}63.10^{-34}}{500.10^{-9}} = 1{,}33.10^{-27} \text{ kg.m.s}^{-1}$$

8.2 **L'affirmation correcte est e.**

L'énergie de l'atome d'hydrogène est donnée par :

$$\mathcal{E}_n(\text{ en eV}) = -\frac{13{,}6}{n^2}$$

- $\mathcal{E}_n$: énergie de l'atome en eV
- n : nombre quantique ; $n \in \{1, 2{,}3, \ldots\}$

Pour la transition $3 \longrightarrow 2$, la radiation émise a pour fréquence et longueur d'onde :

$$\nu_{3\longrightarrow 2} = \frac{\mathcal{E}_3 - \mathcal{E}_2}{h} \quad \text{et} \quad \lambda_{3\longrightarrow 2} = \frac{c}{\nu_{3\longrightarrow 2}} = \frac{hc}{(\mathcal{E}_3 - \mathcal{E}_2)}$$

On a $\mathcal{E}_3 - \mathcal{E}_2 = -\frac{13{,}6}{9} + \frac{13{,}6}{4} = 1{,}89$ eV soit $\mathcal{E}_3 - \mathcal{E}_2 = 3{,}02.10^{-19}$ J

Par suite :

$$\nu_{3\longrightarrow 2} = \frac{3{,}02.10^{-19}}{6{,}63.10^{-34}} = 4{,}56.10^{14}\text{ Hz} \quad \text{et} \quad \lambda_{3\longrightarrow 2} = \frac{3{,}0.10^{8}}{4{,}56.10^{14}} \simeq 658\text{ nm}$$

Il y a identité pour un atome donné, entre son spectre d'émission et son spectre d'absorption, dans le visible : l'atome émet la radiation qu'il peut absorber. Les transitions 3 $\longrightarrow$ 2 et 2 $\longrightarrow$ 3 correspondent donc à une même radiation, l'une émise et l'autre absorbée.

La radiation de longueur d'onde $\lambda = 658$ nm appartient bien au domaine du visible.

Vous verrez en PCEM1 que l'ensemble des raies d'émission qui constituent le spectre de l'atome d'hydrogène sont classées en séries correspondant aux transitions qui aboutissent au même niveau.

Par exemple, la série des raies visibles représente la série de Balmer. Ce sont les raies des transitions qui aboutissent au niveau $n = 2$.

La transition électronique 3 $\longrightarrow$ 2 correspond donc à une radiation qui appartient à la série de Balmer.

Exercices

8.3

1. Une expérience mettant en évidence la caractère ondulatoire de la lumière est la diffraction.

Dirigeons un faisceau étroit et parallèle d'un laser sur un trou (ou une fente) de petites dimensions. À la sortie, on observe un faisceau d'autant plus divergent que l'orifice est étroit (Fig. 8.10).

Si la lumière obéissait aux lois de l'optique géométrique, la tache du faisceau lumineux sur l'écran devrait être circulaire de rayon a.

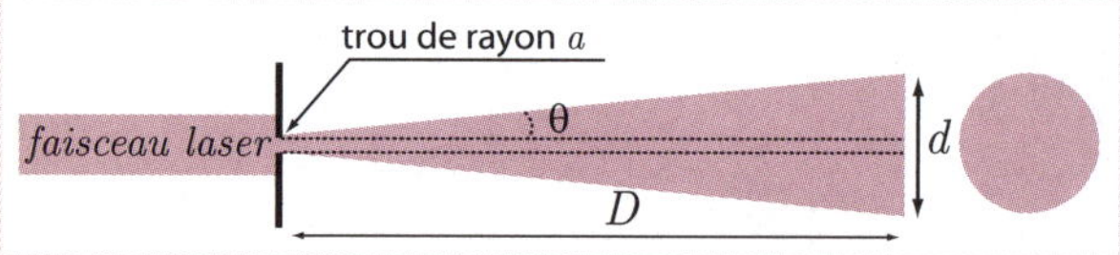

Figure 8.10

Conclusion. La traversée d'une ouverture étroite met donc en défaut la théorie de propagation rectiligne de la lumière.

2. L'autre modèle de la nature de la lumière nécessaire pour interpréter l'existence des spectres atomiques est le modèle corpusulaire.

En effet, l'observation du spectre d'émission ou d'absorption des atomes d'un élément chimique est toujours constitué des mêmes raies et à chaque raie très fine correspond l'émission ou l'absorption d'un rayonnement quasi monochromatique : les radiations émises ou absorbées forment une suite discontinue et sont donc quantifiées.

3. La longueur d'onde est liée à l'énergie par la relation :

$$\mathcal{E}(\text{ J}) = h\nu = h\frac{c}{\lambda(\text{ m})}$$

Et si $\mathcal{E}$ est exprimé en eV :

$$\mathcal{E}(\text{ eV}) = \frac{1\,240}{\lambda(\text{ nm})}$$

Soit une longueur d'onde λ_0 en nm :

$$\lambda_0 = \frac{1\,240}{1{,}96} = 632{,}6\text{ nm}$$

8.4

1. Pour situer cette radiation, il est plus aisé de connaître sa longueur d'onde.

Comme $\lambda_0 = \frac{c}{\nu}$, alors $\lambda_0 = \frac{3{,}0.10^{8}}{1{,}0.10^{14}} = 3{,}0.10^{-6}$ m, soit 3 000 nm.

L'onde appartient au domaine de l'infrarouge.

2. a) On rappelle que la vitesse de propagation d'une onde est liée à l'indice de réfraction du milieu par :

$v = \frac{c}{n}$; où c représente la célérité de la lumière dans le vide

La vitesse de propagation dépend donc du milieu et :

$$\left| \begin{array}{l} v_{\text{eau}} = \dfrac{3{,}0.10^8}{1{,}33} \simeq 2{,}3.10^8 \text{ m.s}^{-1} \\ v_{\text{verre}} = \dfrac{3{,}0.10^8}{1{,}50} = 2{,}0.10^8 \text{ m.s}^{-1} \end{array} \right.$$

b) On a vu en cours que la longueur d'onde dépend aussi du milieu :

$$\lambda = \frac{\lambda_0}{n} \left| \begin{array}{ll} \lambda & : \text{longueur d'onde dans un milieu d'indice } n \\ \lambda_0 & : \text{longueur d'onde dans le vide} \\ n & : \text{indice de réfraction du milieu} \end{array} \right.$$

Pour la radiation précédente $\lambda_0 = 300$ nm, et par suite :

$$\left| \begin{array}{l} \lambda_{\text{eau}} = \dfrac{3\,000}{1{,}33} \simeq 2\,260 \text{ nm} \\ \lambda_{\text{verre}} = \dfrac{3\,000}{1{,}50} = 2\,000 \text{ nm} \end{array} \right.$$

c) La fréquence est une caractéristique de l'onde, indépendante du milieu.

8.5

1. Pour un photon efficace de fréquence ν transportant l'énergie $\mathcal{E}_{\text{photon}} = h\nu$ qui vient frapper un métal dont le travail d'extraction est W_s, le transfert énergétique provoque l'extraction de l'électron et lui communique la vitesse v telle que :

$$\mathcal{E}_{\text{photon}} = W_0 + \frac{1}{2} m_e v^2 \left| \begin{array}{ll} \mathcal{E}_{\text{photon}} & : \text{énergie du photon en J} \\ W_0 & : \text{énergie d'extraction du métal en J} \\ m_e & : \text{masse de l'électron en kg} \\ v & : \text{vitesse de l'électron éjecté en m.s}^{-1} \end{array} \right.$$

À la fréquence seuil ν_0, on a :

$$W_0 = \mathcal{E}_{\text{photon}} = h\nu_0, \quad \text{soit } \nu_0 = \frac{W_0}{h}$$

La longueur d'onde d'une telle radiation est :

$$\lambda_0 = \frac{c}{\nu_0}$$

Application numérique :

$W_0 = 3{,}4 \times 1{,}6.10^{-19} \simeq 5{,}4.10^{-19}$ J,

$\nu_0 = \dfrac{5{,}4.10^{-19}}{6{,}63.10^{-34}} \simeq 8{,}1.10^{14}$ Hz

$\lambda_0 = \dfrac{3{,}0.10^8}{8{,}1.10^{14}} = 3{,}70.10^{-7}$ m, soit 370 nm : une telle radiation appartient au domaine de l'ultraviolet.

2. a) La radiation de longueur d'onde $\lambda = 250$ nm appartient au domaine de l'ultraviolet.

b) Déterminons l'énergie des photons incidents correspondant à la radiation de longueur d'onde $\lambda = 250$ nm.

L'énergie $\mathcal{E}$ est telle que :

$$\mathcal{E} = h\nu = h\frac{c}{\lambda}$$

Numériquement :

$$\mathcal{E} = 6{,}63.10^{-34} \times \frac{3{,}0.10^8}{250.10^{-9}} \simeq 8{,}0.10^{-19} \text{ J}, \quad \text{soit } 5{,}0 \text{ eV}$$

Ou directement, en utilisant l'autre expression donnant l'énergie en eV :

$$\mathcal{E} = \frac{1\,240}{250} \simeq 5{,}0 \text{ eV}$$

Cette énergie est supérieure au travail d'extraction : un effet photoélectrique sera donc observé.

L'énergie excédentaire, $\Delta\mathcal{E} = \mathcal{E} - W_0$, sera emportée par l'électron éjecté sous forme d'énergie cinétique.

L'énergie cinétique de l'électron est :

$$\mathcal{E}_c = \frac{1}{2} m_e v^2 = \mathcal{E} - W_0, \quad \text{soit } v = \sqrt{\frac{2(\mathcal{E} - W_0)}{m_e}}$$

Application numérique :

$$v = \sqrt{\frac{2 \times (5{,}0 - 3{,}4) \times 1{,}6.10^{-19}}{9{,}1.10^{-31}}} = 7{,}5.10^5 \text{ m.s}^{-1}.$$

Remarque : Dans nos calculs on a supposé que l'électron était non relativiste (ce qui est le cas ici).

Vous verrez en PCEM1 la différence entre une particule relativiste et une particule non relativiste.

8.6

1. Lors de la transition électronique $n \longrightarrow p$, un photon est émis. La fréquence et la longueur d'onde du photon sont telles que :

$$\nu_{n \longrightarrow p} = \frac{\mathcal{E}_n - \mathcal{E}_p}{h} \quad \text{et} \quad \lambda_{n \longrightarrow p} = \frac{c}{\nu_{n \longrightarrow p}} = \frac{hc}{(\mathcal{E}_n - \mathcal{E}_p)}$$

Les énergies des différents niveaux sont données dans le tableau ci-dessous :

	$\mathcal{E}_n$ (en J)
$n = 1$	$-2{,}18.10^{-18}$
$n = 2$	$-5{,}45.10^{-19}$
$n = 3$	$-2{,}42.10^{-19}$

Les fréquences et longueurs d'ondes des différentes transitions sont donc :

	$\Delta\mathcal{E}$ (en J)	$\nu_{n\longrightarrow p}$ (en Hz)	$\lambda_{n\longrightarrow p}$ (en nm)
Transition $3 \longrightarrow 1$	$\mathcal{E}_3 - \mathcal{E}_1 = 1{,}94.10^{-18}$	$2{,}93.10^{15}$	102,4
Transition $2 \longrightarrow 1$	$\mathcal{E}_2 - \mathcal{E}_1 = 1{,}64.10^{-18}$	$2{,}47.10^{15}$	121,5

Les deux radiations précédentes sont situées dans le domaine de l'ultraviolet.

2. À la plus courte longueur d'onde correspond la plus grande fréquence et donc la plus grande variation d'énergie $\mathcal{E}_n - \mathcal{E}_p$. Cette transition correspond à la transition $n(\infty) \longrightarrow n = 1$.

$\Delta\mathcal{E} = \mathcal{E}\infty - \mathcal{E}_1 = 0 - \left(-2{,}18.10^{-18}\right) = 2{,}18.10^{-18}$ J.

La fréquence correspondant à cette transition est

$$\nu = \frac{2{,}18.10^{-18}}{6{,}63.10^{-34}} = 3{,}29.10^{15} \text{ Hz.}$$

La longueur d'onde vaut : $\lambda = \dfrac{3.10^8}{3{,}29.10^{15}} = 91{,}2$ nm.

8.7

1. L'énergie de l'atome ne peut prendre que certaines valeurs particulières formant une suite discontinue : l'énergie de l'atome est quantifiée, donc discontinue.

2. a) La radiation de longueur d'onde $\lambda_1 = 330$ nm appartient au domaine des U.V. et la radiation de longueur d'onde $\lambda_2 = 1\,138$ nm appartient au domaine des I.R.

b) L'émission d'un photon d'énergie $\mathcal{E}_{\text{photon}} = h\dfrac{c}{\lambda}$ correspond à la transition de l'électron d'un niveau n vers un niveau p telle que :

$$\Delta\mathcal{E} = \mathcal{E}_n - \mathcal{E}_p = h\frac{c}{\lambda}$$

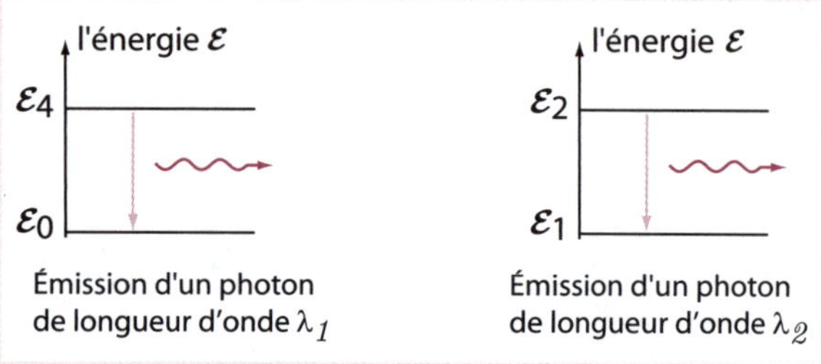

Figure 8.11

Le bilan énergétique, lors du passage de l'état excité 4 à l'état fondamental, donne :

$$\mathcal{E}_4 - \mathcal{E}_0 = h\frac{c}{\lambda_1}$$

Soit : $$\mathcal{E}_4 = \mathcal{E}_0 + h\frac{c}{\lambda_1}$$

De la même manière, le passage de l'état excité 2 à l'état excité 1 donne :

$$\mathcal{E}_2 - \mathcal{E}_1 = h\frac{c}{\lambda_2}$$

Soit : $$\mathcal{E}_1 = \mathcal{E}_2 - h\frac{c}{\lambda_2}$$

$\mathcal{E}_0$ et $\mathcal{E}_2$ étant exprimés en eV, il faut donc convertir $h\dfrac{c}{\lambda_1}$ et $h\dfrac{c}{\lambda_2}$ en eV, c'est-à-dire diviser la quantité $h\dfrac{c}{\lambda}$ par $1{,}6.10^{-19}$ (on rappelle que 1 eV $= 1{,}6.10^{-19}$ J).

Application numérique :

$$\mathcal{E}_4 = -5{,}14 + 6{,}62.10^{-34} \times \frac{3.10^8}{1{,}6.10^{-19} \times 330.10^{-9}} = -1{,}38 \text{ eV}$$

$$\mathcal{E}_1 = -1{,}94 - 6{,}62.10^{-34} \times \frac{3.10^8}{1{,}6.10^{-19} \times 1\,138.10^{-9}} = -3{,}03 \text{ eV}$$

3. L'absorption d'un photon d'énergie $\mathcal{E} = h\dfrac{c}{\lambda}$ correspond à la transition d'un niveau $n = 0$ vers un niveau n telle que :

$$\Delta\mathcal{E} = \mathcal{E}_n - \mathcal{E}_0 = h\frac{c}{\lambda}$$

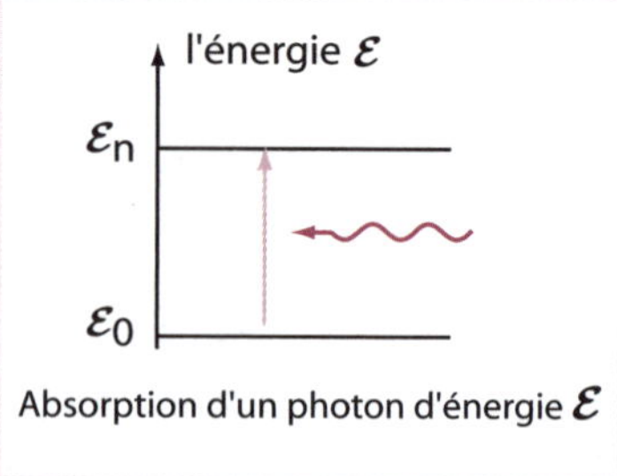

Figure 8.12

Numériquement

$$\Delta\mathcal{E} = \mathcal{E}_n - \mathcal{E}_0 = 6{,}62.10^{-34} \times \frac{3.10^8}{589.10^{-9}}$$
$$= 3{,}37.10^{-19} \text{ J} = 2{,}10 \text{ eV.}$$

Cette variation d'énergie correspond à la transition entre l'état fondamental d'énergie $\mathcal{E}_0 = -5{,}14$ eV et le 1er état excité d'énergie $\mathcal{E}_1 = -3{,}03$ eV.

Index

O

P

Q

R

S

T

V